IMAGE
OF CHINA
TOP BUILDINGS
HIGH-CLASS APARTMENT WITH EXTREMELY FANTASTIC VIEW

映像中国·顶级楼盘 I
高端别墅大宅、至尊风情景观

上海中讯文化传播有限公司 上海福义文化传播有限公司 主编
深圳市博远空间文化发展有限公司 组织编写

中国林业出版社

图书在版编目（C I P）数据

映像中国・顶级楼盘 1, 高端别墅大宅、至尊风情景观 : 汉英对照 / 深圳博远空间组织编写 . -- 北京 : 中国林业出版社 , 2012.3
ISBN 978-7-5038-6476-6

Ⅰ . ①映… Ⅱ . ①深… Ⅲ . ①建筑设计 – 作品集 – 中国 – 现代 Ⅳ . ① TU206

中国版本图书馆 CIP 数据核字 (2012) 第 007706 号

中国林业出版社・建筑与家居图书出版中心
责任编辑：李 顺　成海沛
出版咨询：（010）83223051

出 版：中国林业出版社（100009 北京西城区德内大街刘海胡同 7 号）
网 站：http://lycb.forestry.gov.cn/
印 刷：利丰雅高印刷（深圳）有限公司
发 行：新华书店北京发行所
电 话：（010）83224477
版 次：2012 年 4 月第 1 版
印 次：2012 年 4 月第 1 次
开 本：889mm×1194mm 1 ／ 16
印 张：19.5
字 数：200 千字
定 价：318.00 元

INTRODUCTION

序言

“人生不过是居家，出门，又回家，我们一切的情感，理智和意志的追求或企图不过是灵魂上的思乡病，想找一个人，一件事，一处地位，容许我们的身心在这茫茫的世界上有个安顿的归宿。”——钱钟书《写在人生边上》

这是个浮躁的年代。城市的天空下，每个人怀揣着梦想，在欲望的浮沉中跌跌撞撞，繁华的背后是不能言说的伤。宅年代，我们习惯了孤独，习惯了自我疗伤。在那个供我们疗伤的叫做“家”的地方，我们放下行囊，卸下伪装，洗净满身风尘，在镜中发现真实的自己，如孩童般的纯洁与忧伤。

诗人海子说：“我有一所房子，面朝大海，春暖花开。”

每个人心中都有一个属于自己的“Dream Home”，那是我们灵魂栖息的地方，是我们每个人对人生的理想和追求的潜意识表达。不同的群体有不同的追求，多元的时代孕育出多元的梦想。这梦想与现实之间的距离是心到手的距离。设计师的存在让这距离消失，如同一个魔术师，用最美妙的创意变幻出人们心目中最诗意的栖居。

人是万物的尺度。各种风格迥异的楼盘契合了不同人群的心理需求。不同的设计风格引领着人们不同的“回家的路”。然而，顶尖的楼盘设计带给人们的必然是巅峰的感受。优秀的设计不只是一种自我表达，更是一种情感的沟通和人文的关怀，体现的是设计师对社会的洞察，对人性的理解。人们置身其中，宛若置身于一个虚实相生的梦境，在穿越与回归的感动中触摸到心底最柔软的部分，在每晚深沉而甜美的梦境中找回生命最初的澄净。这是建筑的情感，向人们传达着一种爱和艺术的美丽。设计的追求在这里找到完美的和谐，设计的灵魂在这里体验到生命的喜悦。

顶尖引领潮流，卓越铸就精品。本书从全国数千优秀稿件中精心筛选，挑选出当下最能引领楼盘发展趋势的顶尖新楼盘，通过别墅，低密度，小高层，高层以及综合楼盘等几乎涵盖楼盘的所有类型按照不同风格进行编排，专业而清晰的脉络编排，独特而艺术的归纳说明，不论是精美的图示，还是专业的行文，都力图运用最独特的视角，充分挖掘楼盘在建筑设计和景观规划中的特色元素以及超越实用之上的艺术品位，这正是追求卓越的品质所在。

本书的成功出版来自于国内外知名设计师，建筑设计事务所，全国各地知名开发商的大力支持，希望给读者带来专业的高品质阅读享受和艺术鉴赏的愉悦心情。

Human live is nothing more than a show of domestic privacy, getting out and then back in home, all our wills toward owned senses is purely a homesickness of souls. To be offered with somebody, something or being in somewhere, we just want to relax ourselves in a home no matter how the world changes. ---<The Marginalia of Life>written by Ch'ien Chung-shu

With agitated life in the thriving center and treasured dreams in brilliant desires,we gradually get used to the loneliness and self-healing in the otaku times. Thus, in a space we called it home, we take off the struggling life, find our ture colors, which is so pure and artless just like the childhood times.

The poet Hai Zi have said,“I am possessing a house, Facing the sea with spring blossoms”

Everyone has a dream home in their heart where the soul living in there. The desire toward a home is an unconcious expression of our ideality and persuits. Different times and diffsrent people have variety dream homes. The distance between dream and real life is just like the way from fingers to heart. Designers make the distance vanished, just like a magician, do with magical ideas to creat us a poetic home.

Man is the measure of all things. Various styles of house reflect people's colorful inner needs of life. Top-rate house design will take people to a wonderful and overwhelming sense. A great design is not only a self expression of desiner but even the care and communication between people and people. It shows concerns and understanding of designers to society and human life. Thus people stay in the house is seem to in dreamlike air, the feeling of returning touched our soft heart. This is a emotion from the building, which spread the beauty of art and love to people. Then the persuit of design reached the best and the creative ideas experienced a vivid life.

The selected projects contained in this book are collected from southands architects. It edited accoding to villas, low densities, small high-rises, the hign-rises and complexes in various styles. The clear and professional context layout and summarization with the most exquisite sense expressed the marrows of designers' ingenious ideas.

This book is published with full supports of international top architects, well-known developers and famous designers all over the world in order to give you a pleasant experience of beau.

编者

Editor

目录

CONTENTS

惠州光耀城

KUANGY CITY, HUIZHOU

典雅、庄重的英伦皇家风格纯别墅社区

Elegant, Solemn, British Style Royal Villa Community

占地面积：1000000 平方米
建筑面积：1000000 平方米
容积率：1.00
绿化率：41%
开发商：惠州市光耀实业投资有限公司
建筑设计：浙江省建工建筑设计院有限公司大元设计所
户 数：543 户
项目特色：豪华居住区、湖山别墅
建筑类别：双拼、联排、独栋
项目位置：惠州惠阳区北环路与惠南大道交汇处（近惠阳建设局）

Occupied Area: 1000000m^2
Building Area: 1000000m^2
Plot Ratio: 1.00
Greenery Ratio: 41%
Developer: Huizhou Kuangy Industry Investment Co., Ltd.
Architectural Design: Zhejiang Jianggong Building Design Institute Co., Ltd Dayuan Design
Number: 543
Project Characteristics: Luxury Residential, Lake and Mountain Villa
Building Category: Semi-detached House, Townhouse, Villa
Project Location: Cross of Huinan Avenue and Beihuan Road, Huiyang District, Huizhou(Nearby Huiyang Construction Council)

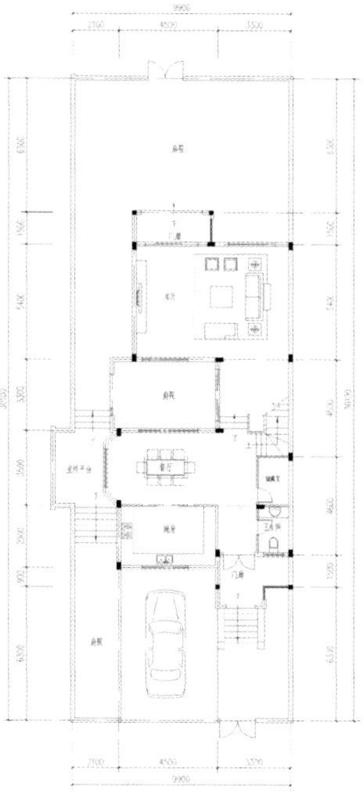

P1 户型 287m² 1 层平面图

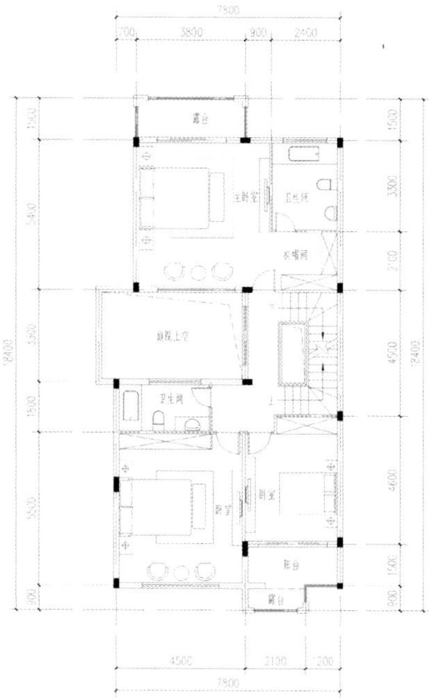

P1 户型 287m² 2 层平面图

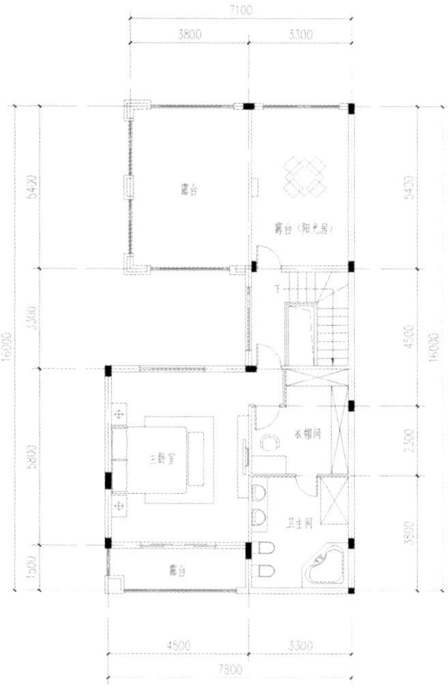

P1 户型 287m² 3 层平面图

▶

光耀城位于惠阳区淡水北环路与惠南大道交汇处，居深圳东山水豪宅片区核心，是百万平方米的湖山纯别墅社区，纯粹的英伦学派风格别墅。项目占地 1000000m²，分 4 期开发，项目内拥有高达 350000m² 的自然资源及人文配套，80000m² 的天然湖景，湖底有天然的泉眼，10 万山庄；6 万山体公园；9 洞高尔夫球。

光耀城的整体风格为典雅、庄重的英伦皇家风格，景观设计采用了具有异国情调的欧式皇家园林，将天然水系引入贯穿整个社区，结合山地、水景，运用中国园林的借景手法引远山入景，同时利用南方良好的气候条件，打造出个性迥异的绿化空间，使山水之秀与建筑之美交相辉映，使这座纯山水别墅区成为深圳东的别墅标杆。

一期推出 77 套联排别墅，有四联排、六联排和七联排，面积从 340-445m²，赠送面积部分包括私家花园、露台、中空庭院，十分超值。二期“先生的湖”拥有的不只是天然级的湖光山色，更有斥资亿元打造的 5000m² 的大型的湖岸休闲广场和皇家会所、20000m² 的餐饮、酒吧以及时尚元素国际风情商业街、光耀实验学校等。

设计要点

规划——光耀城的整体规划强调建筑与湖山资源的出个性迥异的绿化空间，使山水之秀与建筑之美交相辉映，使这座纯山水别墅区成为深圳东的别墅标杆。

一期推出 77 套联排别墅，有四联排、六联排和七联排，面积从 340-445m²，赠送面积部分包括私家花园、露台、中空庭院，十分超值。二期“先生的湖”拥有的不只是天然级的湖光山色，更有斥资亿元打造的 5000m² 的大型的湖岸休闲广场和皇家会所、20000m² 的餐饮、酒吧以及时尚元素国际风情商业街、光耀实验学校等。

湖滨双拼
光耀城III

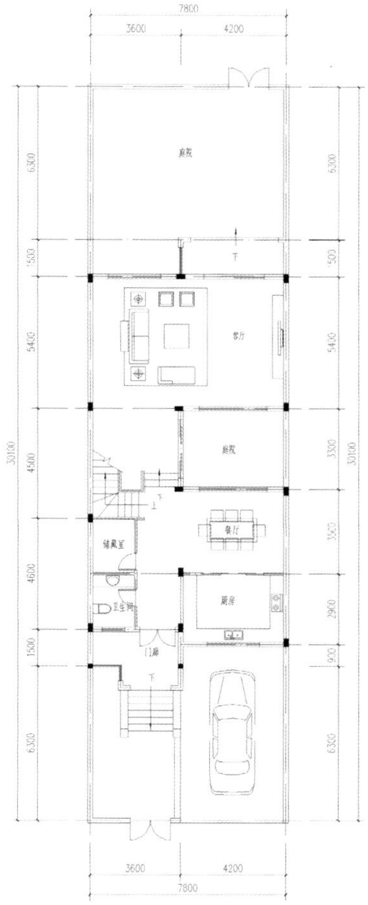

P2 户型 247m² 1 层平面图

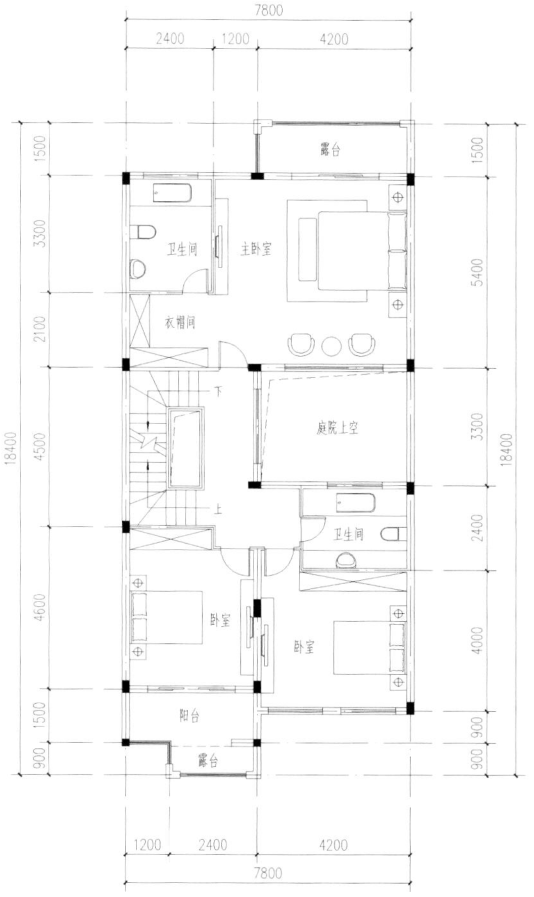

P2 户型 247m² 2 层平面图

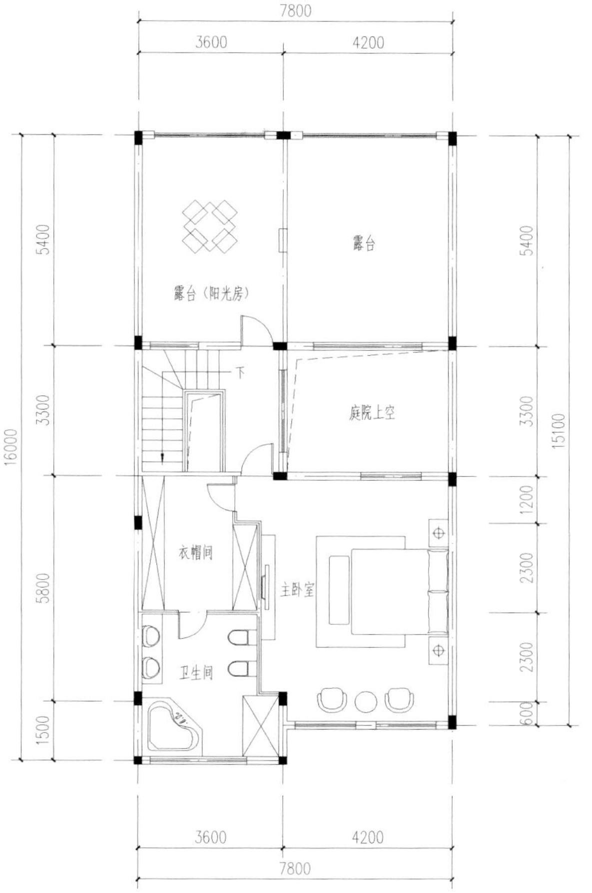

P2 户型 247m² 3 层平面图

销售中心

光耀城 销售中心

▶

设计要点

规划——光耀城的整体规划强调建筑与湖山资源的和谐相融及景观的均好性、交通的易达性，试图在中国精神的高度上借鉴西方建筑品质，以其包容性奠定惠阳建筑史上的新高度，并试图寻找一种建筑，不仅是水泥和钢筋的累加，也是文化和文明的积淀，更是一种居住品质与生活理想的双重实现。

建筑——温暖的红色砖墙、坚实的石材墙裙、典雅的双坡形山墙、深邃的灰色板瓦塑造出浓郁的英伦风格，丰富的建筑形体与丰富的建筑表情，使整个园区显得生气勃勃，情调盎然。

景观——项目采用了具有异国情调的欧式皇家园林，每个地块规划都强调精致和人性化，结合山地、坡地、水景，运用中国园林的借景手法，引远山入景，同时利用南方良好的气候条件，打造各种性格的绿化空间。在植物选择上也十分考究，塑造出“四季常青花常在”的园林景观体验。

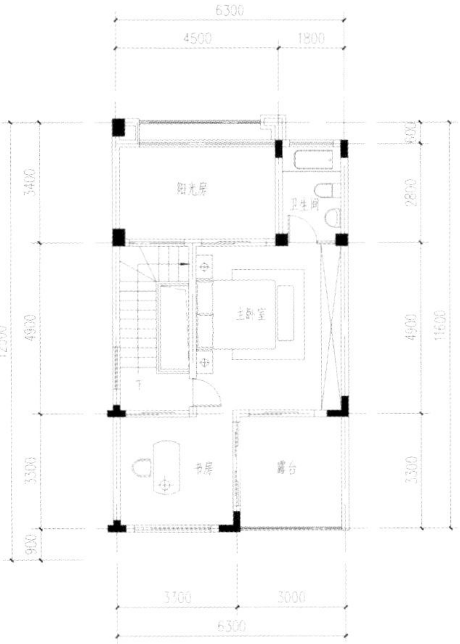

P5 户型 177m^2 3 层平面图

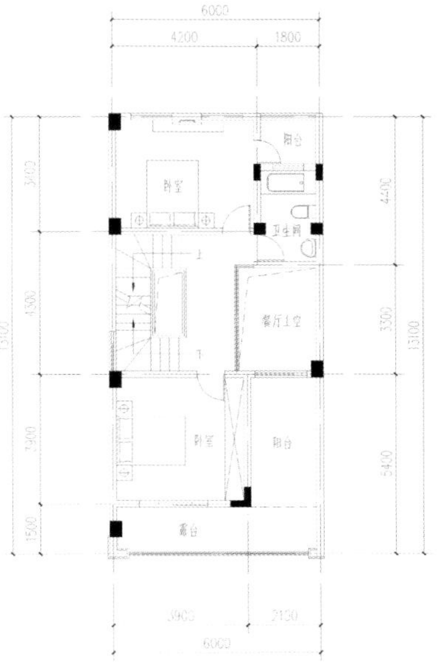

P5 户型 177m^2 2 层平面图

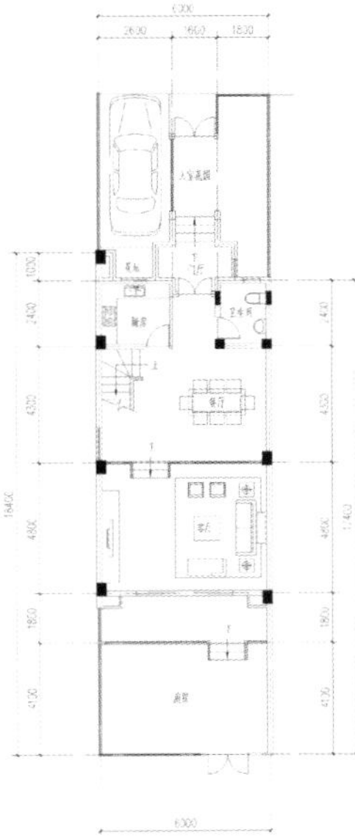

P5 户型 177m^2 1 层平面图

惠州光耀高尔夫别墅

GUANGYAO GOLF VILLA, HUIZHOU

顶级亚洲风情度假高尔夫别墅
Top Class Asian Style Vacation Golf Villa

占地面积：331036 平方米
建筑面积：244492 平方米
容积率：0.32
绿化率：89.80%
开发商：惠州怡海房地产开发有限公司
投资商：惠州市光耀实业投资有限公司
户数：总户数 169 户，当期户数 89 户
项目特色：宜居生态地产
建筑类型：独栋单层别墅、联排单层别墅
项目位置：惠东县大岭镇惠州高尔夫球场内

Occupied Area: 331036m^2
Building Area: 244492m^2
Plot Ratio: 0.32
Greenery Ratio: 89.80%
Developer: Huizhou Yihai Real Estate Development Co., Ltd.
Investor: Huizhou Guangyao Industry Investment Co., Ltd.
Number: Total 169 Households, Current Term 89 Households
Project Characteristics: Livable Ecological Real Estate
Building Category: Villa, Single We House
Project Location: Huidong Daling Town Huizhou Golf Court Inside

▶

南中国首个低奢标杆之作—惠州光耀高尔夫别墅（全球候鸟度假地），由品牌开发商光耀地产倾力打造的全新度假型产品，位于惠东县大岭镇惠州高尔夫球场内，共分 8 期开发。项目定位为放眼全国视野的中国顶级高尔夫度假风情别墅。一个兼具国际标准的高尔夫球场资源与南中国丰富旅游资源的传世之作，引领着中国特色的新亚洲风情度假豪华别墅潮流。项目总占地面积 331036m^2，建筑面积 244492m^2，容积率 0.32。一期开发用地面积 63051m^2，建筑面积 20885m^2，容积率为 0.327，共 169 栋一层楼的别墅，分 A、B、C、D 四种户型，面积 99 ~ 194m^2 不等。

项目既体现南中国的人文生活精神面貌，也是对度假休闲生活的向往和丰富人生的精彩体验的过程。创造都市生活新的文化符号，独特的亚洲风情的产品亮点将是我们与其它项目差异化的关键。比肩全球顶级度假型别墅群，融入东南亚与日本的新亚洲风格，同时配合顶端稀缺高尔夫资源，全力打造可以流传的不老经典之作。惠东高尔夫球场，珠三角最具历史的球场之一，由著名的高尔夫球场设计专家日本大成建设株式会社设计和施工。球场总面积为 2025 亩，全场 18 洞，符合国际高尔夫球比赛标准，未来高尔夫球场扩建至 8000 亩，球场增加至 36 洞，球场规模进一步扩大。高尔夫俱乐部室内谁由香港陈德坚设计大师打造。

南中国罕见的一层楼的别墅产品，户户带私家泳池、全精装的高尔夫里的平房，同时坐拥顶级的生活配套。项目享有丰富的生态资源，20000 只珍稀候鸟，白露栖息地，球场上万棵大树散发的上万亿负离子是城市的 10 多倍！千亩竹林，更有国家森林公园近在咫尺！北师大幼儿园及小学、山顶会晤中心、贵族马术俱乐部、白天鹅五星级酒店、九间厨等完善配套。

本期首推出的别墅产品为一层楼别墅，代表新一代别墅产品的南中国标杆之作，不同于传统的别墅产品类别，产品全为首创一层楼，面积区间为 99 ~ 194m^2，享一线高尔夫球道景观、户户私家泳池、超大花园、极度私密。产品力邀世界顶级奢侈品酒店设计大师精心打造，打造成顶级奢华小型度假别墅，户户带交流平台、全部泳池带按摩池、连洗手间在内全为景观房间。单层别墅设计为您带来了极度私密的空间及奢华空间的同时，更让您与千万只候鸟同享蓝天绿地高尔夫，别墅窗窗有景，原生态依山环湖而建。光耀地产与白天鹅宾馆携手，于北纬 23° 、东经 115° 的北回归线上，打造属于中国自己的奢侈型度假产品—“全球候鸟度假地”，且将于其内，打造出国内第一间小型奢侈酒店“白天鹅

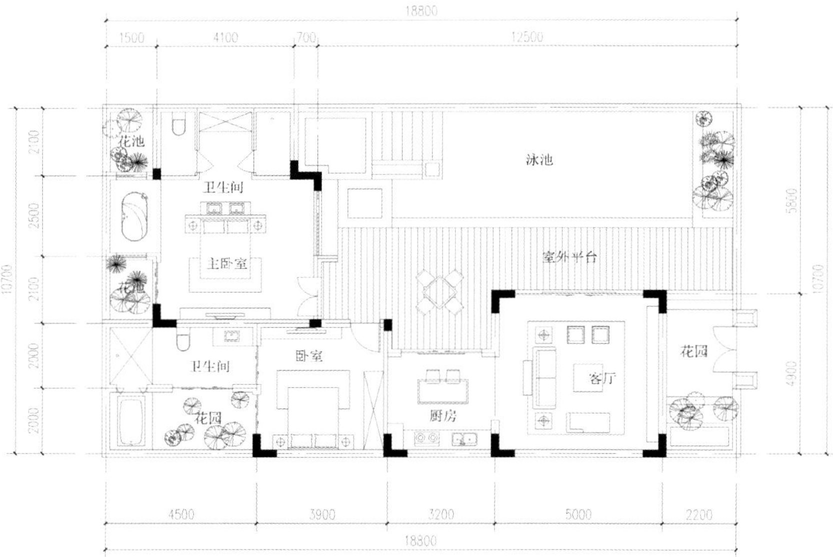

A 户型 99m² 平面图

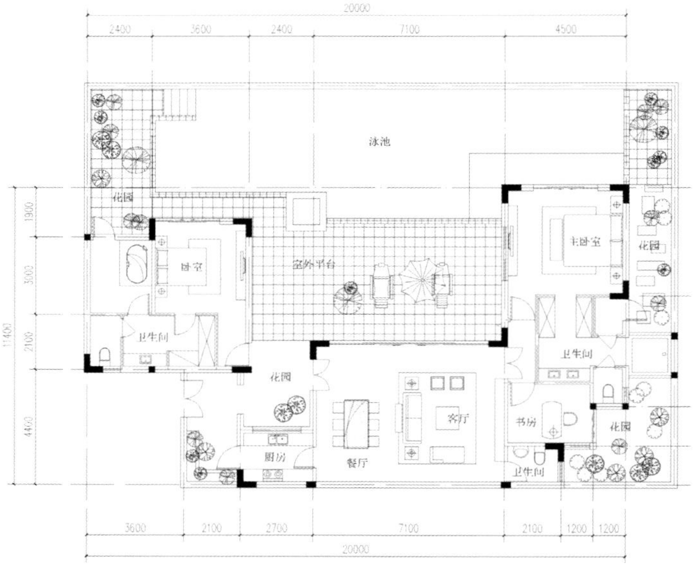

B 户型 146m² 平面图

▶

SPA&RESORTS"，成为珠三角顶级休闲文化新标杆，南中国顶级稀缺旅游度假的“传世之作”。

项目共有 A、B、C、D 四种户型。A 户型是约为 99m² 的泳池别墅，还赠送面积为 100m² 的花园，体现了极简的现代风格，呈现全天候泳池生活模式。B 户型是约为 146m² 的泳池别墅，25m 泳道，其面宽相当于 1300m² 的独栋别墅，体现了巴厘岛风情，呈现 24 小时浪漫的生活模式。C 户型是拥有私家果岭的约 156m² 的 SPA 别墅，占地超过一亩，最少两棵 30 年原生树，体现了现代东方风格，呈现怡然自得的儒雅生活模式。D 户型是约为 194m² 的南中国，仅有 12 套 80000m² 一号球道上的极致奢华，体现古朴的泰国风情，呈现浓郁的皇室生活模式。

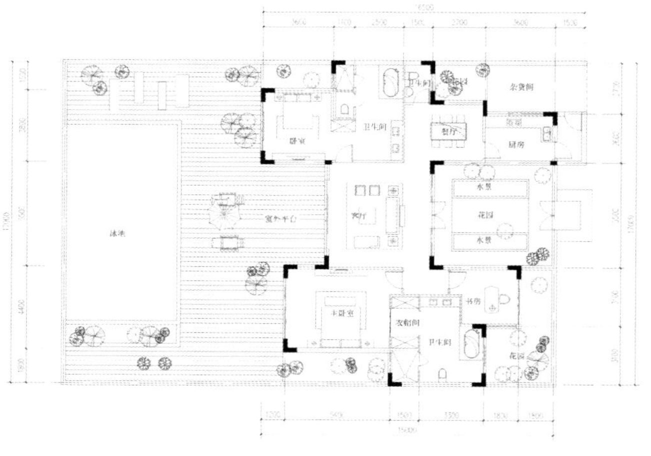

C 户型 156m² 平面图

千岛湖乡村俱乐部·随园

THOUSAND-ISLAND LAKE COUNTRY CLUB, SUIYUAN

国际顶级度假，现代中式别墅区
International Top Resort, Modern Chinese Villa Area

开发商：杭州千岛湖顺发房产开发有限公司
建筑设计：AECOM 中国区建筑设计
户数：50 套
建筑类型：别墅、排屋
项目特色：特色别墅、景观住宅
项目位置：淳安县千岛湖镇新安南路 16 号

Developer: Hangzhou Thousand-island Lake Shunfa Real Estate Development Co., Ltd.
Architectural Design: AECOM Design
Number: 50
Building Category: Villa, Townhouse
Project Characteristics: Character Villa, Landscape Housing
Project Location: No.16 South Xin'an Road Qiandaohu Town Chun'an County

▶

顺发恒业开发的千岛湖乡村俱乐部别墅·随园位于淳安县千岛湖镇，项目于现代风格之中揉入了不少中式元素。“随园”四大别墅组团，围合高尔夫球场舒缓展开，规划有双拼别墅和独立别墅，主力户型在 250m^2–530m^2 之间。从这些别墅的半私密性矮墙、“四合一院”的院落格局到长条窗格，都可以寻找到传统中国的独特韵味。

随园别墅不仅拥有千岛湖秀美风景资源，还集高尔夫球场、游艇俱乐部、白金五星标准酒等高端度假元素于一体，锐意打造华东地区乃至全中国最顶级的生活模式。

坐拥高尔夫美景，真正高尔夫别墅

千岛湖 573km^2 湖面、1078 座翠岛、95% 森林覆盖率，形成一个群山环翠、天蓝水碧的纯净世界，可以称得上是“东方日内瓦”。随园别墅位于千岛湖羡山半岛，坐拥国际标准 18 洞高尔夫球场，可说是真正意义上的高尔夫别墅。拥有无敌湖景、山景、球场美景，在千岛湖绝无仅有。

顶级元素缺一不可

随园别墅集顶级度假元素—国际标准 18 洞高尔夫球场、游艇俱乐部、白金五星标准酒店于一体，使得业主不出家门，便能享受目前国际上最为高端的度假生活。别墅户户都拥有私家游泳池、奢华 SPA，可专供业主进行水疗养身之用。而大面积地下室的开设，令业主可根据个人爱好布置健身房、酒窖、收藏室甚至小型影院。随园别墅以“第三客厅”的理念来营造度假生活，住户可以邀请自己的商业伙伴在这里聚会、休闲。

35號

▶

随园别墅位于国际标准18洞高尔夫球场之内，基地的每一个界面都直临高尔夫球场，堪称真正的高尔夫别墅。项目由“L”型及“U”型独立别墅和少量双拼别墅一共50套组成。项目主力户型从367-620m^2，是具有东方韵味的现代中式别墅。随园别墅以“山水”为导向规划建筑，依山而居，临湖而栖，以高尔夫球道景色为主导。依据地形和景观因素自然排布，保证大部分别墅的观景视野。设置多重庭院组合、私家游泳池、SPA等；为金字塔尖的高端人群开启尊贵休闲生活。整体布局看似随意，细部却体现出“对称、规矩”等庄重、大气的东方建筑布局立意。社区道路组织以精巧小庭院、中式庭院、各类花园广场、水景等景观串联组成，形成移步异景的艺术效果。

随园独立别墅面湖而设，拥有美丽的风景视野。同时，建筑主体辅以大量落地玻璃、露台等，将湖光山色最大面积地引进室内。在别墅的顶层，沿湖面还特别设置有大型休闲露台，与山水亲密接触。卧室设计有270° 转角窗，将山水引入室内，即使足不出户，山景、湖景也尽收眼底。

L型合院别墅灵巧轻盈，设计不拘于规正、对称等传统住宅的限制，建筑随形生变，层楼叠院，形成凝练而明确的线条，情切而和谐的节奏。U型合院别墅的创意源自传统的“四合院”。它既具有“四合院”的舒适与功能，又摒弃了全封闭式的拘束。U型合院别墅三面以建筑主体围合，多重庭院向湖而设，享有180° 无敌湖景。

随园别墅以清淡素雅的建筑色彩，来体现含蓄的东方气质。建筑主体还采用漏窗、白墙、天井、内庭外院、禅意的木格栅等东方元素，来营造贴合中国人审美情趣的生活。

天津万科朗润园

VANKE LANG RUN GARDEN, TIANJIN

原创城市别墅，人居第一住所
Original City Villa, Human Living No.1 District

占地面积：30000 平方米
建筑面积：75000 平方米
容积率：0.66
绿化率：40%
开发商：天津中天万方投资有限公司
建筑设计：深圳市华汇设计有限公司
户数：480 户
项目特色：城市别墅
项目位置：天津市西青区芥园西道与外环线交口西行 1.5 公里处

Occupied Area: 30000m^2
Building Area: 75000m^2
Plot Ratio: 0.66
Greenery Ratio: 40%
Developer: Tianjin Zhongtian Wanfang Investment Co., Ltd.
Architectural Design: Shenzhen Huahui Design Co., Ltd.
Number: 480
Project Characteristics: City Villa
Project Location: Tianjin Xiqing District West Jie Yuan Street and the Out Ring Cross Western Side about 1.5km

▶

万科朗润园座落于天津西部新城中北镇，芥园西道与外环线交口西行 1.5km 处。是万科继水晶城、霞光道 5 号之后又一原创城市别墅力作，秉承万科品质，远离城市喧嚣，尽享城市便利，倾力打造纯别墅社区。

项目整体规划风格遵循中式设计元素，小区住宅外立面全部采用红砖，朗润园项目规划设计以两条轴线—绿轴、水轴展开，中轴对称形式，此轴线形态在中式住宅、西式建筑中常见，住宅依托轴线规则式分布，形成类似街道、小巷的尺度空间。景观设计以此延展，采用渗、漏等传统造园手法，营造出尊贵、儒雅的空间。横向的水系和纵向的绿轴两条景观带贯穿，将项目地块分为四个部分。手磨出品红砖文化，精心栽培 27 棵法桐，精心铸造品质大门彰显深厚的文化底蕴，注重细节，低调而内敛。万科朗润园整个社区采用法桐阵、银杏林和蓝轴水系进行三重环绕，景观打造上处处彰显细节用心，建筑的立面变化、景观的层次错落，别墅惬意生活画面悠然展开。在设计上将西式别墅进行创新，一改传统西式别墅尖顶风格，采用平层做为屋顶。整个屋顶形成了一个大天台。

建城市别墅精品 打造永不褪色的第一居所

万科朗润园是万科在天津首次将别墅落户西部，它区别于城市中心的豪宅，亦不同于远郊的度假别墅，开发商希望用城市别墅的概念为天津人打造“永不褪色的第一居所”。为了融合现代人居追求与建筑文化的传承，在风格演绎上引入中式元素，结合简约、现代之风，突出了后现代住宅理念。凭借“传承五大道人文底蕴、城市别墅第一居所”的高端品质，一举获得了全场大奖“2010 中国城市别墅金奖”桂冠，万科再次以领跑者的姿态向人们展示一项成功传世的作品。

▶

居住有庭院，曾经是中国人典型的居住模式，更是现代人追求已久的居住梦想。万科将 17 年别墅历练的成果倾心注入，为都市人展开一幅庭院生活画卷。凝结了武汉润园的院落精华、五大道的规划理念和水晶城的人文情怀，这就是朗润园，城市西部目前唯一的纯别墅社区。

手工订制的低调与尊贵

一块块红砖，堆砌和拼接，为别墅的外檐营造出斑驳的怀旧效果，这是万科设计师专门为朗润园订制的。每一块砖都经过人工打磨再烧制而成，如今所呈现的视觉效果则是从 40 多种拼接组合中逐级筛选出的，朗润园所呈献的，就是这些源自细节之处的精工细作，稳重、典雅，而又历久弥新。社区的门和每户的小院门同样是纯手工锻造而成，每一个焊接点和每一条纹理都凝结着万科的人文情怀。29 万锤锻造内敛、厚实感、唯一性、品质感的大门，logo 拆分、重新组合演变成大门的纹样，酷似中国传统窗花，别具特色。

70 年法桐浓荫庭院之美

步入纯手工锻造的社区大门，迎面是 21 棵 70 年树龄的法桐阵，如同红砖建筑上的遮阳伞，营造出深宅大院的居住感。万科走遍华东各地最终选到合适树种，费尽周转远途移植到朗润园，初春的新绿，盛夏的浓荫，秋日的私语，冬季的恋歌，一年四季，林荫大道上的景色与情怀各有不同。一叶知秋，社区中心的银杏林也将在这个秋天里带来最浪漫的风景……

在这个以居住为第一理念的城市别墅里，超大面积的庭院与天台，是每家每户私享的豪华附赠。朗润园的前庭后院，满足了都市人的居住梦想。270m^2 以上的实用空间，功能明确的户型设计，兼顾了老幼三代的宜居要求。首层空间完全对外，充分满足家庭成员共处和会客的需要，前后庭院的贯通让业主能够全方位地享受庭院生活。二层专为孩子和老人设计，既能互动又各有私属。三层的空间是专属于主人的，一整层的空间运用让卫生间和衣帽间都宽敞大气，书房和主卧露台则进一步完善了主卧的全功能生活空间。

万科朗润园“中央水系楼王组团”是社区中最核心的位置，占地面积 30000m^2，主力产品以 260-340m^2 联排别墅为主，紧贴社区中央景观带，享有幽美的景观资源和雅致的园林环境，足不出户即可享受水岸别墅生活。

高端别墅大宅、至尊风情景观
High-Class Apartment With Extremely Fantastic View

武汉万科红郡

VANKE HONGJUN, WUHAN

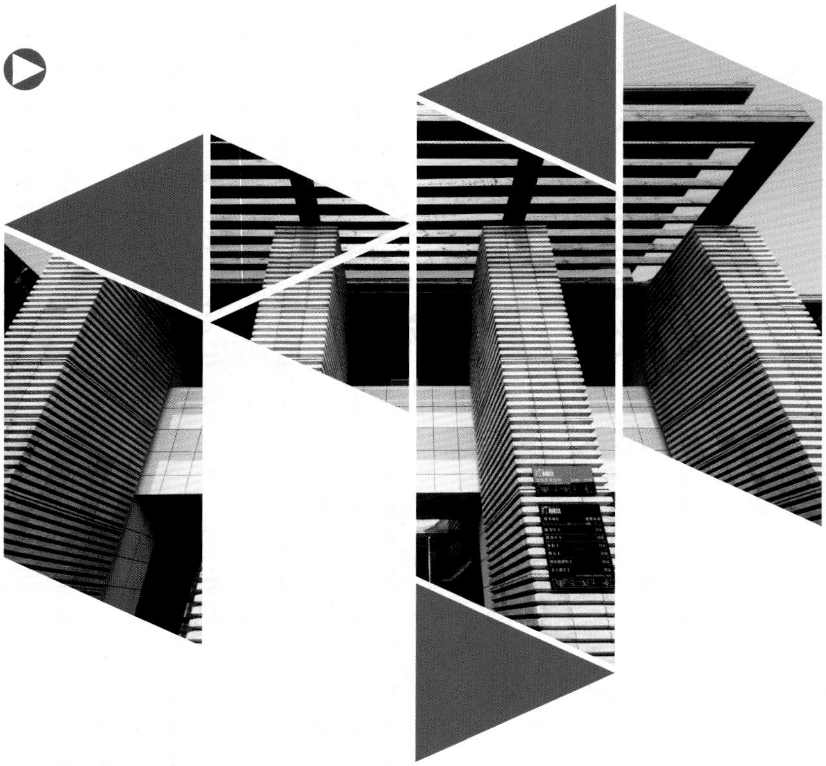

赖特主义低密度人文社区
Wright Style Low Density Human District

占地面积：230000 平方米
建筑面积：348000 平方米
容积率：1.50
绿化率：40%
开发商：武汉万科城市花园房地产开发有限公司
建筑设计：北京中外建筑设计有限公司
景观设计：北京创翌高峰园林工程咨询有限公司
户数：3000 户
建筑类别：别墅、小高层、高层
项目位置：武汉洪山武大园一路东南侧

Occupied Area: 230000m^2
Building Area: 348000m^2
Plot Ratio: 1.50
Greenery Ratio: 40%
Developer: Wuhan Vanke City Garden Real Estate Development Co., Ltd.
Architectural Design: Beijing CCI Architecture Design Ltd.
Landscape Design: Beijing Chuang Yi Gao Feng Garden Project Consultant Co., Ltd.
Number: 3000
Building Category: Villa, Middle-height Building, High-rise Building
Project Location: Wuhan Hongshan Wuhan university Yuan Yi Road South East Side

▶

万科红郡位于武汉高新技术开发区，北面毗邻城市中环线，西北面临万科城市花园，周边道路系统发达，交通便捷，距离鲁巷商圈5km。项目总占地面积约230000m^2，分五期开发。

沿万科城市花园的林荫道一路向南，豁然开朗之处，万科红郡开放式的入口，已经成熟的景观、特色鲜明的红砖，赖特式的建筑让人眼前一亮，进入万科红郡，感受传承大师的低密度人文社区所带来的视觉享受。

首先吸引眼球的，是已经成型的社区北会所，以赖特著名作品罗比别墅为样本，在设计师多方位领悟、吸收建筑大师赖特的建筑精神之后，建筑以一种生长的姿态出现在社区入口，延伸的线条与别具特色的混凝土部件相互配合，形成一种向外伸展和扎实稳重的视觉冲击。这座开山之作从外形结构，到细节部件，都透露出大师的手笔与气度，就像从土地里生长出来一样，融洽而自然。经典赖特式平行建筑，用一种符合自然步调的线条，延伸视野的宽度，配合极具现代主义风格的红砖立面，透露简洁、大气的人文气质。不论变幻怎样的角度，红郡都显示出与自然融合的能力。为了更好的亲近水景，在会所与叠水之间，一条赖特风格风雨廊道成为屋内屋外的天然过渡。散步其中，即可观雨听风，又能遮阴蔽日，寓意着红郡对于自然的开放态度。

红郡打造的建筑以宽阔屋檐和流畅平直的建筑线条，营造出延伸与开阔视野。在建筑比例、尺度、肌理上追求典雅与内敛，立面形象简洁大气，凸现赖特风格的纹理造型。

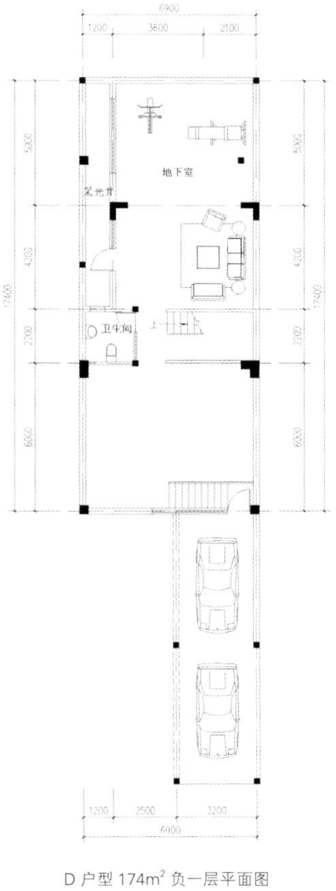

D 户型 174m² 负一层平面图

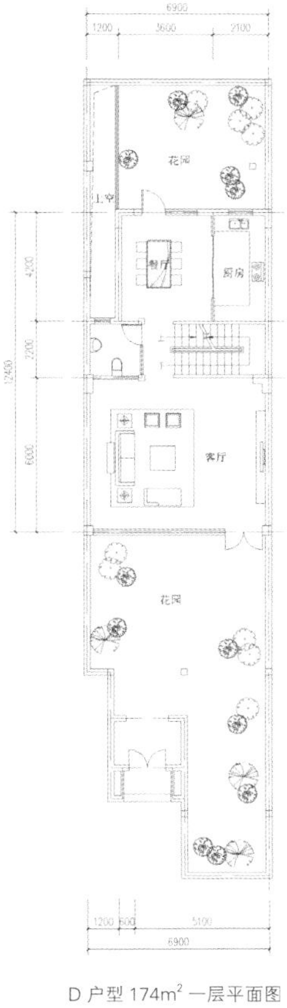

D 户型 174m² 一层平面图

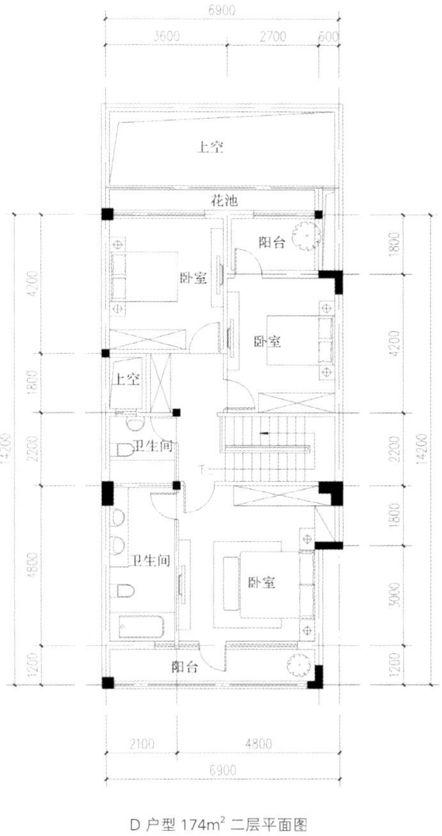

D 户型 174m² 二层平面图

▶

尽可能的让建筑生长入自然之中，木质的廊道花架，以阶梯的形式向上生长着，为红郡的天际线增添了一丝灵动的节奏。每一种材质都有自己的语言。红郡会所中大量的混凝土部件都拥有着定制级的身份，万科专门成立的部品研发部门经过无数次试验与调配，分批开模灌制，只为还原出最具赖特精髓的混凝土部件。太多的符号震撼着设计者，赖特的小人来到红郡，同样是一种无声的守护，让整个社区蔓延出一种生命的力量。当一个简单的造型以一种规整的方式进行堆叠，一种图腾似的效果油然而生，积蓄自然力量而存在。

系出名门 享受赖特式人文浸润

继万科红郡在上海、南京、镇江等地的成功，万科红郡进入武汉市场，独特的建筑风格、回归生活本质的理念、全面家居解决方案等红郡系标志性手法也将在武汉项目中沿用，而赖特主义的首次入武汉，更为武汉红郡带来别具一格的鲜明特色。斜屋顶、连续使用的玻璃门窗、对混凝土技术的独特应用……绿树掩映下的建筑，赖特主义建筑思想在万科红郡中得到忠实的实践。

万科红郡的园林景观按照赖特对建筑和自然关系的理解，利用黄金分割特征来形成优美的构图，寻求被植被簇拥的感受，九大植被按照自身的特点于社区内自然生长，建筑与环境自然融合在一起。

万科红郡本着赖特所推崇的有机建筑理念，创造性提出“院包房”和“房包院”的概念。“院包房”、“房包院”的独特设计则让每间房都与自然发生关系，房子跟光线结合，光线在屋子里流淌，把自然

▶

渗透到房子里，居住获得良好的通风、采光效果，生活在其中，让思绪在自由的空间里沉醉。

阔绰空间 理想生活在此展开

万科红郡由北区“赖特 29”和南区“观庭”两种形态构成。总体上北高南低的万科红郡从建筑形态上依次实现低、中、高配置，使得社区天际线更具层次。小于 1 的容积率，大 1.2 的建筑间距，赖特 29 以低密度实现居者对栖居的憧憬。拥有私家的院子，天然的圈层。而观庭部分，则以开阔的楼间距匹配业主广袤的视野，大于 40% 绿化率，小于 20% 建筑密度，让共有的土地资源最大化，建筑排布轻松自如。

超星级大堂、聚宝盆水口、风雨连廊、气派的组团门楼、隐贵级窄巷，红郡在公共区域归家流线上体现对居者的尊重，多重归家礼仪彰显着业主的身份，实现造景、造物、造梦、造生活的效果。而大范围地下交通系统，不仅实现了最大限度的人车分流，低层区 1:1 车库配备，更最大可能的提高了地面景观面积。

“尊重杰作，它是对人真正的尊敬”，赖特先生的这句名言，也是万科红郡对于中国现代人居理想探索过程中的一份心声。今天的红郡已经为武汉高端人居领域立下标杆，将成为一个原点，将所有关于生活、居住与家族的梦想，传递出去。

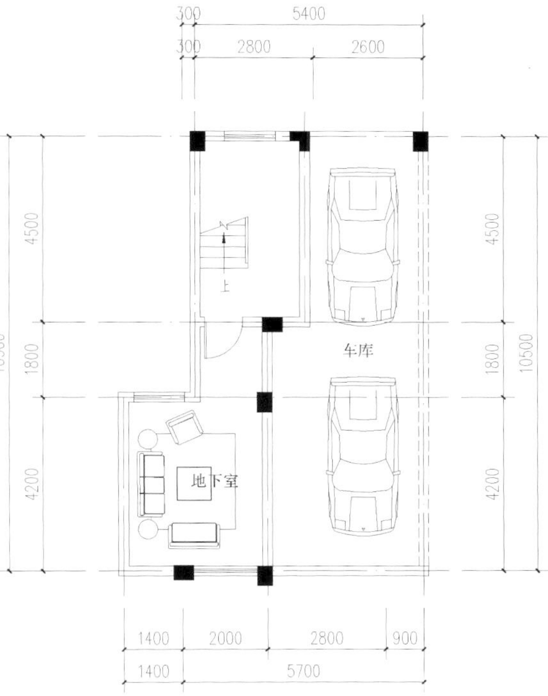

C 户型 192m² 负一层平面图

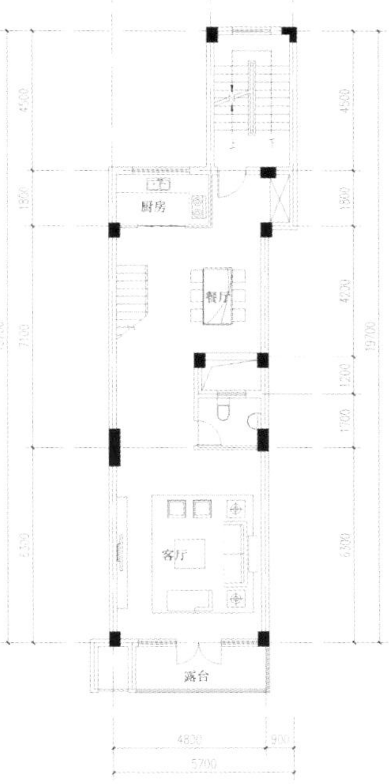

C 户型 192m² 一层平面图

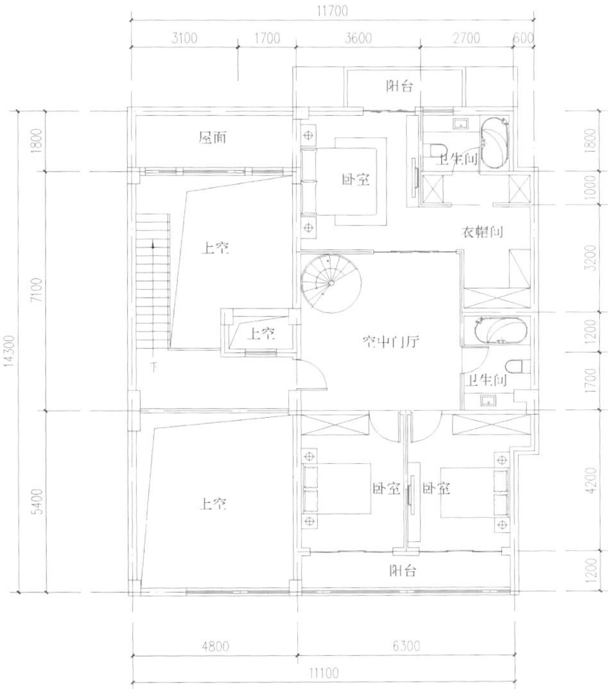

C 户型 192m² 二层平面图

深圳波托菲诺·纯水岸

PORTOFINO WATER SHORE, SHENZHEN

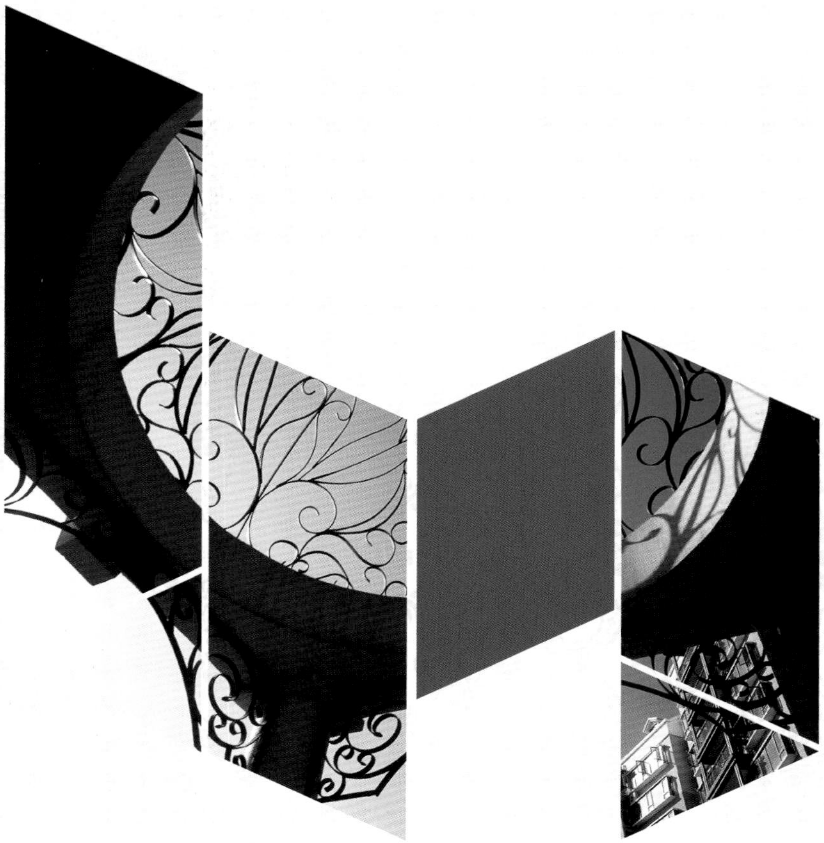

意大利风情，山水人文国际小镇

Italy Style, Landscape Humanity International Community

占地面积：800000 平方米
建筑面积：1080000 平方米
容积率：0.72
绿化率：70%
开发商：深圳华侨城房地产有限公司
项目特色：山水人文国际社区
建筑类别：独立别墅、联排别墅、多层、小高层、高层
项目位置：深圳南山华侨城香山中路

Occupied Area: 800000m^2
Building Area: 1080000m^2
Plot Ratio: 0.72
Greenery Ratio: 70%
Developer: Shenzhen OCT Real Estate Co., Ltd.
Project Characteristics: Landscape Humanity International Community
Building Category: Villa, Joint-row Villa, Multilayer, Middle-height Building, High-rise Building
Project Location: Middle Xiangshan Road of Shenzhen Nanshan District Chinese City

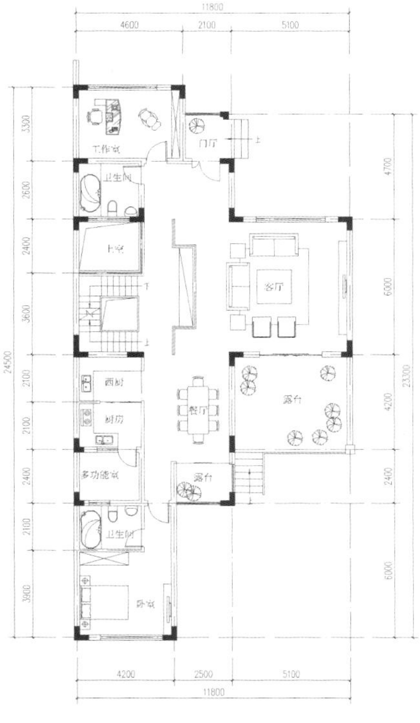

五期 T30 户型一层平面图

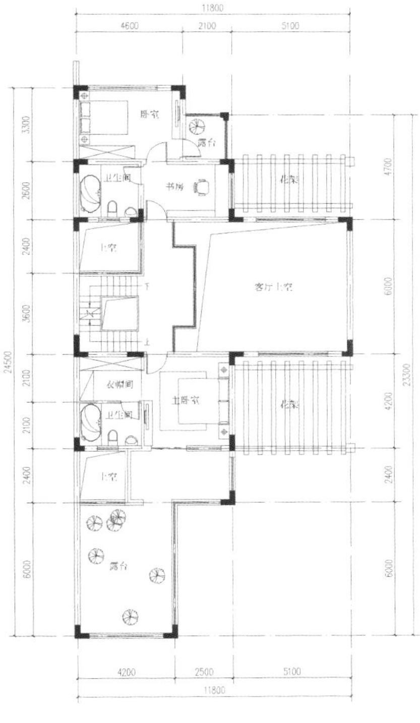

五期 T30 户型二层平面图

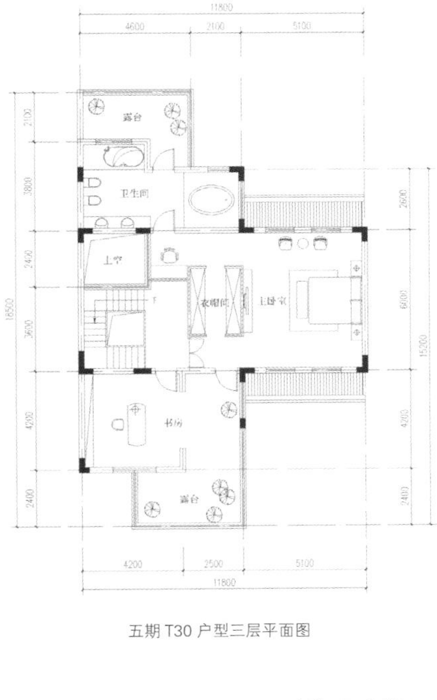

五期 T30 户型三层平面图

▶

定位于“优质生活创想家”的华侨城集团，历经23年成片综合运营和地产实践，华侨城在中国房地产市场中独树一帜、魅力尽显，6km^{2}的地域，逐渐成为这座城市的品牌符号和人文高地，并被誉为“21世纪中国可持续发展的人文生态示范城区”和“中国成片综合开发和运营的样板”。华侨城始终坚持“花园中建城市”的理念：保护原有自然资源，使人工环境和自然环境融为一体，创建有特色，有潜力的都市环境；保证规划的完整性、综合性，使规划富有弹性而易于分期发展建设。参照联合国可持续社区标准，充分体现尊重自然、塑造高品位生活环境的规划理念，按“私密空间”、“半私密空间”和“公共空间”进行科学布局，建设具有山水景环境特色的居住区。

波托菲诺位于深圳华侨城区腹地，占地800000m^2，总建筑面积达1080000m^2，深圳高端住宅领跑者。整个区域规划以意大利PORTOFINO为蓝本，将其千年文化与华侨城旅游文化有机融合，结合华侨城的旅游文化、自然山水资源精心构筑，形成“天鹅堡”和“纯水岸”两大产品品牌。

波托菲诺整体建筑根据原有的地形地貌，依势而建。坐拥80000m^{2}荔枝林和谛诺山、15000m^{2}的湿地景观，区内以70000m^{2}的燕栖湖、40000m^{2}天鹅湖为中心，形成两个自然的组团，这些自然生态的保护，能使社区居民与身边的山水保持最近距离的对话，满足居住之外的需求，实现居住之外的价值。规划出沿湖畔山的独立别墅、联排别墅、多层、小高层、高层等多种住宅类型，不同形态的建筑之间根据自然景观最大化原则来布局，其独特的意式风情商业街、广场、塔楼、园林、会所以及广场、景观大道、沿湖木栈道、湖畔咖啡座以及酒店式公寓也成了新的看点，营造极具人文气息的高尚社区，成为华侨城旅游主题地产的典范之作。

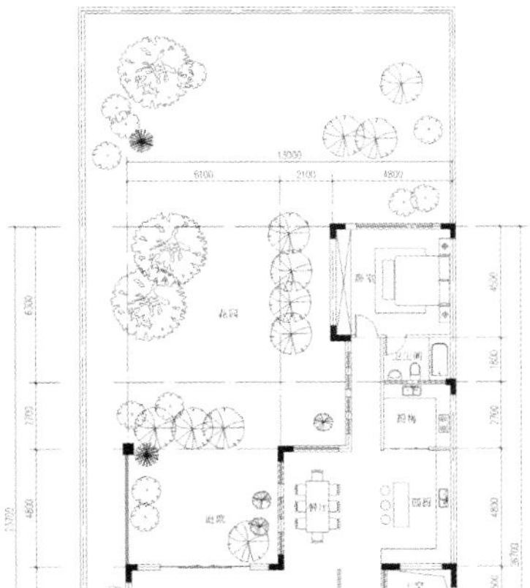

六期 B1 户型一层平面图

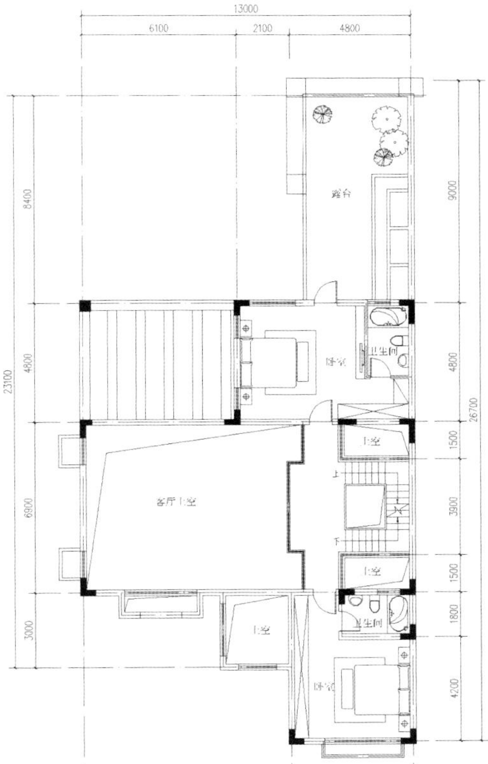

六期 B1 户型二层平面图

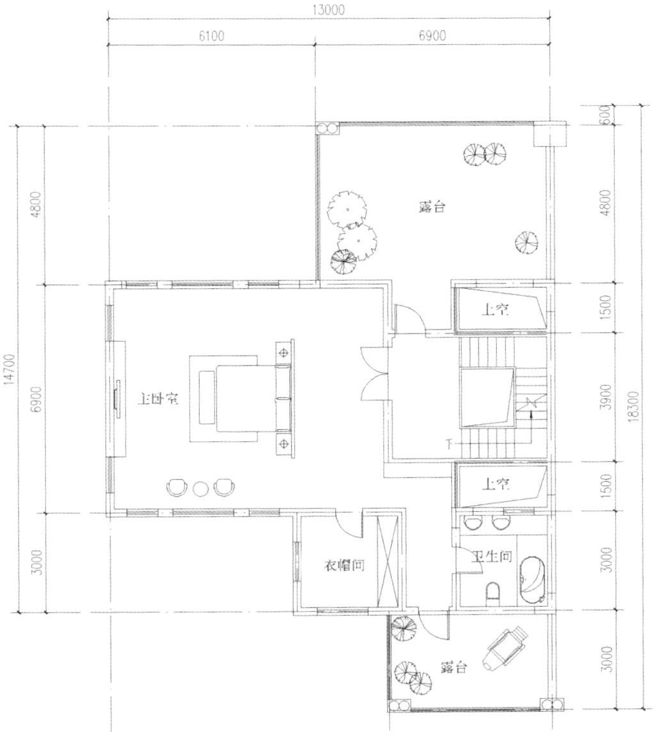

六期 B1 户型三层平面图

▶

作为一个社区，波托菲诺俨然已经成为华侨城一个难得的景点。从华侨城城区通往波托菲诺的每一条道路都是绿荫浓密，驱车行进在这样的环境里，恍若进入了一片原始生态区，感觉离大自然从未有过的亲近。如果要用一个地方来定格华侨城优质生活时，波托菲诺无疑是一个毫无争议的地方，波托菲诺自 2001 年至今仍然散发着不可拒抗的魅力，历经八年的人文沉淀，以高端住宅区的标准一举奠定了领跑者的地位。

规划设计

规划紧抓“水”的主题，把水面呈“枝”状垂直锲入组团内部，由此带来的广阔水面能为高层住宅和 TOWNHOUSE 所共享，再现未来水岸生活场景，与此同时因水而生的丰富景观资源也为社区主题生活的开展和底层商业价值的最大挖掘带来可能。

在城市设计、单体建筑和局部环境设计等方面始终坚持设计结合自然，强调人工环境与自然环境的相互配合，通过鲜明的主题人文型建筑、景观设施以及在整体建设中加入主题文化元素，使人文特色成为城区独特的风格和精神内涵，配合富有创意的主题建筑与良好的街道尺度、宜人的环境构成华侨城独特的建筑景观。

小区园林结合原有的地形地貌，规划采用人车分流，丁字交叉等道路布局方式，使自然环境和景观尽可能得予保留和利用，并为创造丰富的道路景观提供了有利条件，同时弯曲有序的道路既满足了交通功能，也起到了限制过境车辆的进入和城区内汽车速度的作用，从而减少了汽车交通对居住环境的不良影响。

▶

纯水岸四期

波托菲诺・纯水岸四期，罕有的临湖 TOWNHOUSE 和水岸小高层住宅

四期小高层，集波托菲诺万千宠爱于一身，拥有整个波托菲诺最好的地理位置、最好的景观、最好的朝向。

四期小高层临湖景观、纯大户型设计无可复制，1.5 超低容积率、24% 超低建筑覆盖率，深圳市中心稀缺罕有。11 楼小高层，一梯一户或两户，220-350m^2 平层大户型，每户空中庭园达 20m^2，赠送入户花园大 16m^2，18-27m 超大面宽，燕栖湖美景一览无余。

纯正意大利风情小镇，时光悠悠，质朴永恒。纯水岸四期，沿袭过往的优雅风格。纯水岸四期位于华侨城燕栖湖北岸新规划片区，东邻成熟的纯水岸一期和波托菲诺会所，南拥燕栖湖 70000m^2 天成美景，北望绿意绵延华侨城高尔夫练习场。总占地面积约 36000m^2，容积率仅为 1.5，它延续原纯水岸高贵典雅的建筑文脉和肌理，以 11 层 220-320m^2 左右的户型为主，结合少量 370m^2 左右沿湖 3 层大面宽 TOWNHOUSE，量湖定造 194 席。

悠长的巷子里，穿梭进来午后的阳光和清凉的风。两旁的建筑低矮而古朴，清一色的坡屋顶，是那种传统典型的意式建筑。走进波托菲诺，这样的房子随处可见，蔓延在大街小巷。大部分用了明黄暗红的颜色，融合着倾泻的阳光，通体透亮。原色的木窗框是典型的意式风格，一小格一小格，非常多的窗户。推开窗，举手可触蔓延在墙体的爬藤植物，浓郁、清香，洁净的大片叶子，绿得发亮，泛出温润的光泽。

T 系建筑户型均从燕栖湖汲取灵感，将居住空间与湖景交织在一起，保证室室拥有最大限度的湖水景色，在这里，燕栖湖才是生活的主角，而建筑是为了湖而存在的。S 系建筑沿小区道路自然展开，所有户型不但面湖，更能收获西班牙古典园林的视觉盛宴。特设空中大露台，阳光倾泻而过，满室生香，空气中满是植物洁净凛冽的芬芳。

波托菲诺・纯水岸五期

华侨城波托菲诺・城市别墅

纯水岸五期 TOWNHOUSE，总用地面积 15715m^2，建筑面积 8850m^2，容积率仅为 0.56，绿化率高达 71.8%。东临欢乐谷，座落于波托菲诺燕栖湖南岸，24 席联排低密度住宅，平均每席 TOWNHOUSE 占有 650m^2 良木稀土，建筑面积约 360-380m^2，采用地面停车方式，与庭院景观有机的结合在一起。一个真正的城市中心别墅区，出则繁华都市，入则静雅人生，处处彰显 24 席 TOWNHOUSE 的专属价值。

波托菲诺别墅区占地面积十多万平方米，位于波托菲诺高尚住宅区内燕栖湖畔，以湖为界，水岸景观植物带及茂密的原生树木，为波托菲诺别墅区域创造了一个天然的绿色屏障，将别墅区域与纯水岸多层及商业街区分开，自成一域，保持了别墅区域的纯粹与私密空间。

纯水岸五期 TOWNHOUSE 利用有机建筑与光影的相互作用，充分发挥光线的奇妙作用，无论是落地玻璃窗、凸窗、还是 180° 的拱门式弧形小窗都经过精细设计与严格考究，在不同空间营造不同的光感。

38

广州万科兰乔圣菲

VANKE RANCHO SANTA FE, GUANGZHOU

西班牙皇家贵族岛岸别墅
Spain Royal Noble Island Shore Villa

占地面积：210000 平方米
建筑面积：148586 平方米
容积率：0.43
绿化率：30%
开发商：广州万科房地产有限公司
户 数：320 户
建筑类别：湖山景观别墅
项目特色：岛岸别墅
项目位置：广州花都芙蓉嶂度假区内银湖湾

Occupied Area: 210000m^2
Building Area: 148586m^2
Plot Ratio: 0.43
Greenery Ratio: 30%
Developer: Guangzhou Vanke Real Estate Co., Ltd.
Number: 320
Building Category: Lake and Mountain Landscape Villa
Project Characteristics: Island Shore Villa
Project Location: Guangzhou Huadu Furongzhang Vacation Area Silver Lake Bay

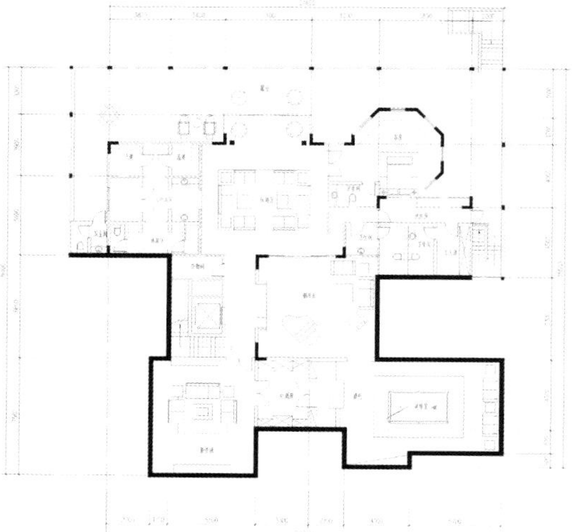

A1 户型一层平面图

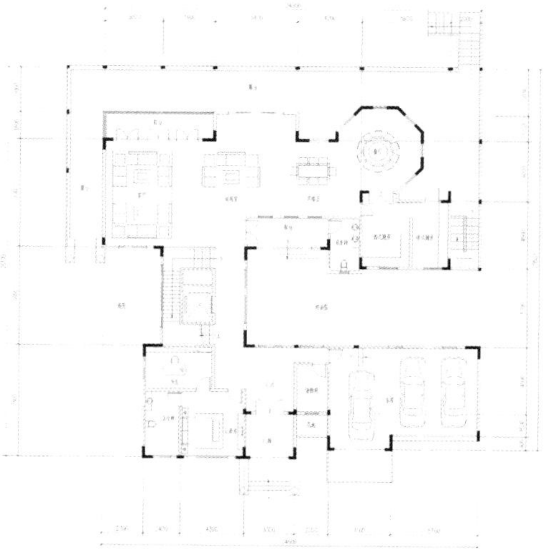

A1 户型二层平面图

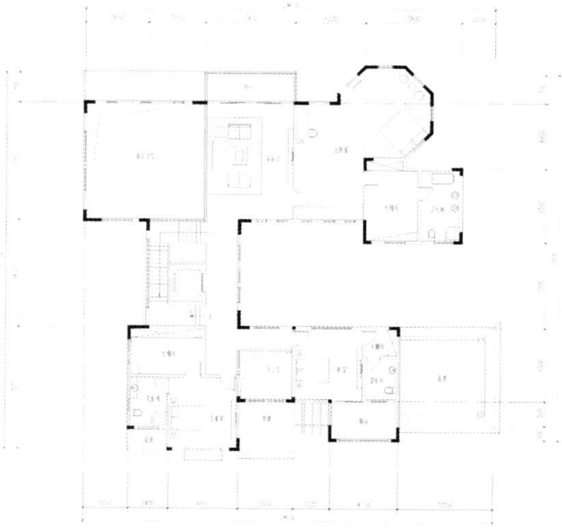

A1 户型三层平面图

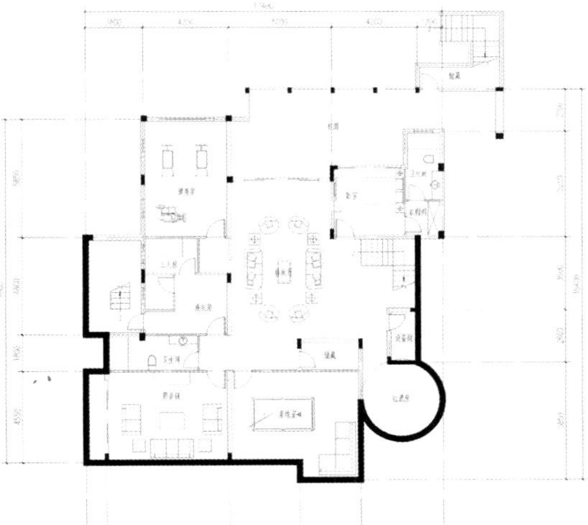

B 户型一层平面图

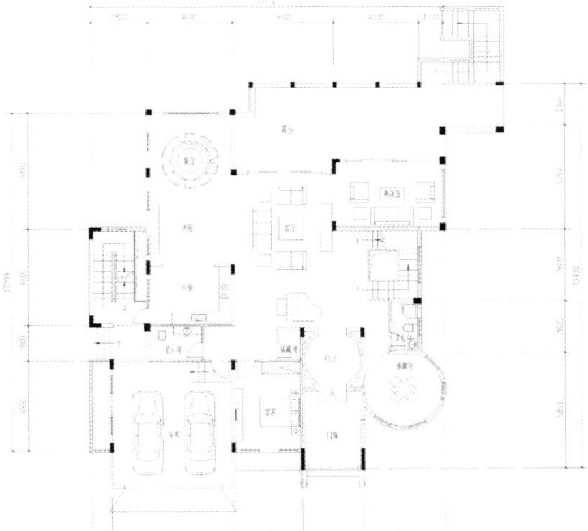

B 户型二层平面图

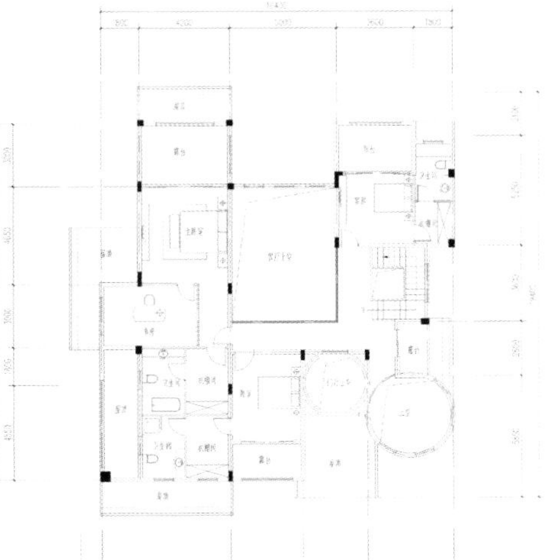

B 户型三层平面图

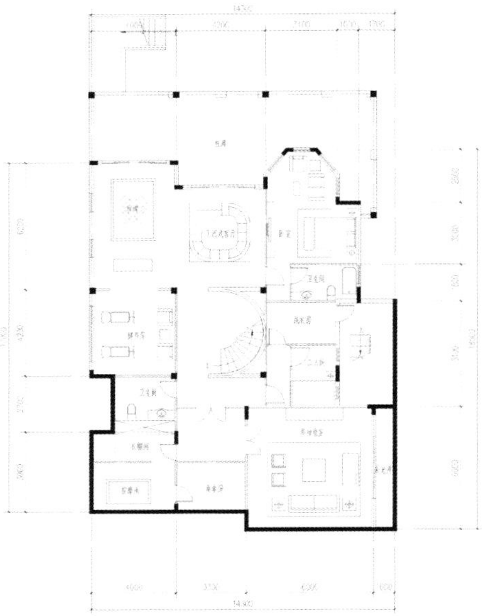

C 座户型一层平面图

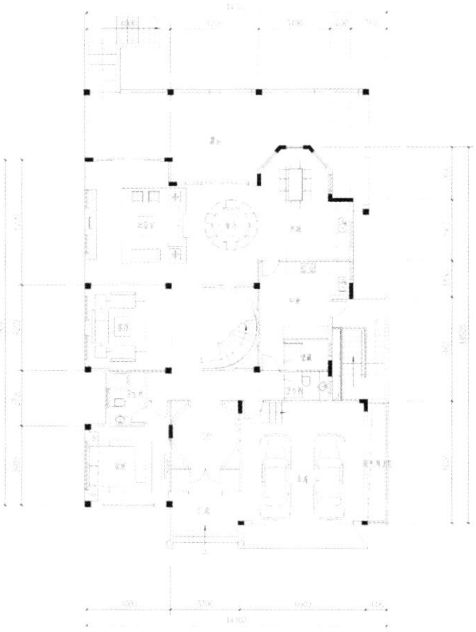

C 座户型二层平面图

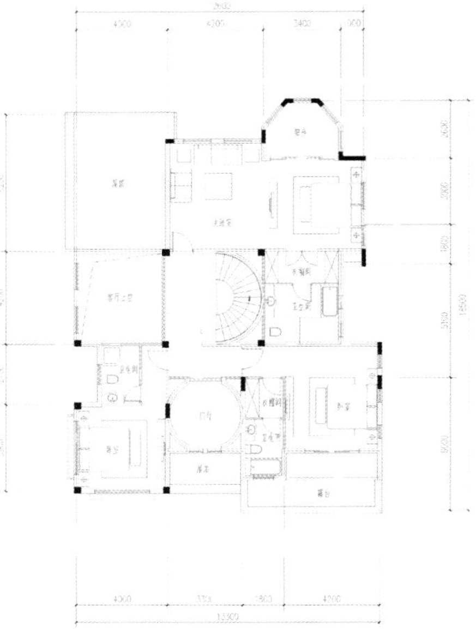

C 座户型三层平面图

▶

万科兰乔圣菲别墅位于省级 4A 旅游度假区 – 花都芙蓉嶂度假区内，背靠王子山森林公园，面对芙蓉嶂水库，三面临湖，群山环绕。

项目总占地约 210000m^2，由 170 套独栋别墅和 150 套叠加别墅组成。项目定位为西班牙皇家贵族岛岸别墅。项目以坡地建筑为主，既提高了空间的层次感，又可以充分的使空间最大化。地块呈半岛形状，三面望湖，有近两公里的岛岸线，项目设计最大限度的利用了沿湖景观。地块南、北、西三面靠湖部分地块较低，中间及东部地块较高，呈坡地形状，根据地块地势项目规划设计上将建筑沿坡而建，最大化的利用湖景资源又能增加社区内空间的变换。别墅与湖对岸最远处为 1580m，正面对望有 330m，最近处为 70m。

项目采用一轴、三区、多团组规划。一轴：一是东西走向的景观主轴；串联了会所、商业街、中心广场，是住户的公共活动空间；三区：根据基地与湖水的关系划分为三线不同的景观住户，包括一线滨水呈岛状分组团布局的地台式别墅区。二线的望湖住宅，充分利用原有地形高差形成台地式建筑布局，保证每户均能不同程度的望到湖景。多团组：由交通体系和水系分割呈五个呈半岛式组团，各组团相互独立。

万科兰乔圣菲别墅首创双首层式设计，利用山体自然坡地落差设计“上山式”和“下山式”双首层。开放式下沉首层设计，设有下沉式庭院、采光高窗、步出式天井。下沉式庭院与首层的坡差，形成半私密的庭院空间，身处下沉式首层，尽见私家园林摇曳生姿的花木情境，丰富了生活空间。开放式下沉首层可根据个人爱好设置成书房、酒窖、工作间，甚至一间父亲与孩子的手工教室；亦可建一座室内游泳池，足不出户就能满足一家人亲水的愿望。

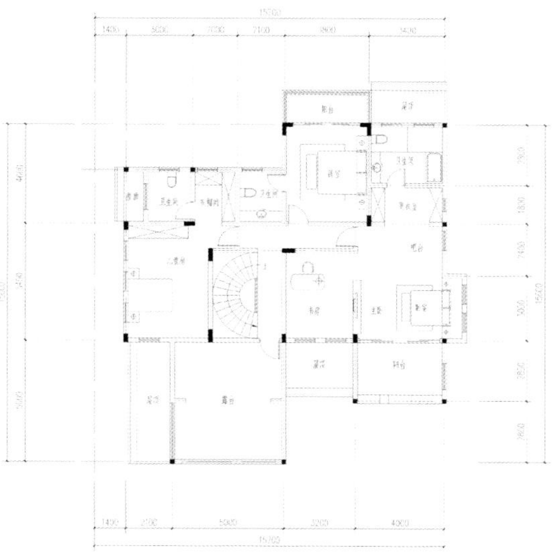

D 座户型三层平面图

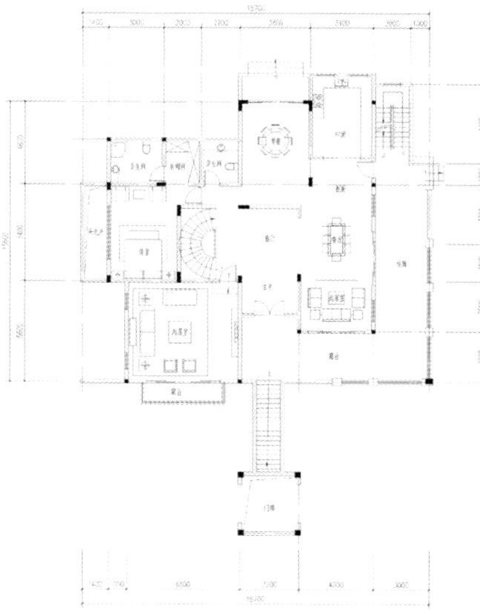

D 座户型二层平面图

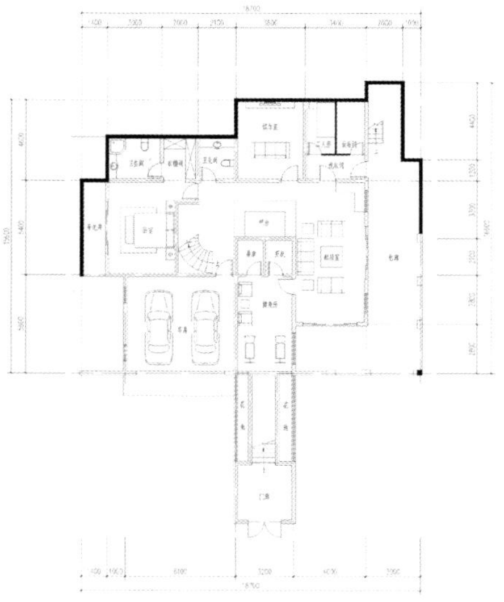

D 座户型一层平面图

万科清林径

THE BEGINNING OF DELICATE LIFE, VANKE

生态宜居南法风情小镇
Livable Ecological South France Style Town

占地面积：200000 平方米
建筑面积：357000 平方米
容积率：1.80
绿化率：47%
开发商：深圳市万科房地产有限公司
户 数：3535 户
项目特色：公园地产
项目位置：深圳龙岗龙城街道五联村连心路与朱古石路交汇处

Occupied Area: 200000m^2
Building Area: 357000m^2
Plot Ratio: 1.80
Greenery Ratio: 47%
Developer: Shenzhen Vanke Real Estate Co., Ltd.
Number: 3535
Project Characteristics: Garden Real Estate
Project Location: Cross of Zhugushi Road, and Lianxin Road, Wulian, Longcheng Street, Longgang, Shenzhen

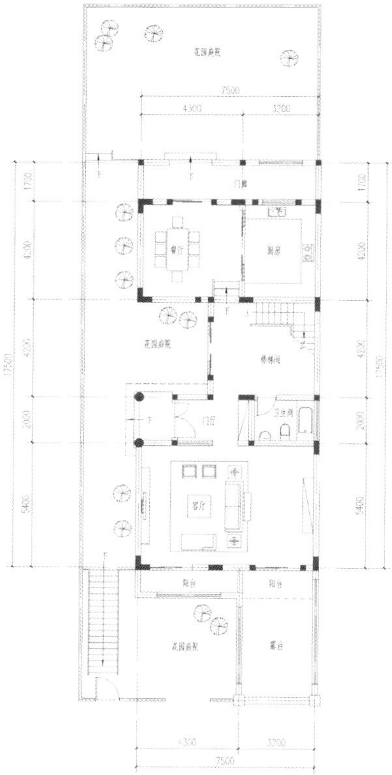

葡萄墅 A 户型 197m² 一层及车库平面图

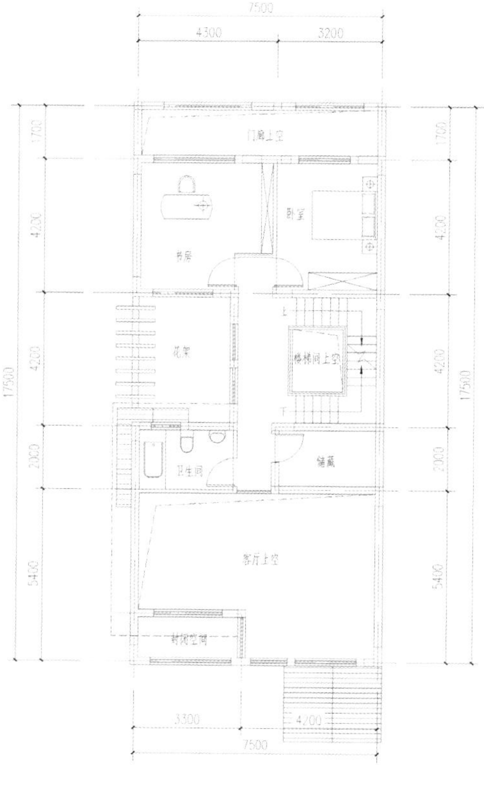

葡萄墅 A 户型 197m² 二层平面图

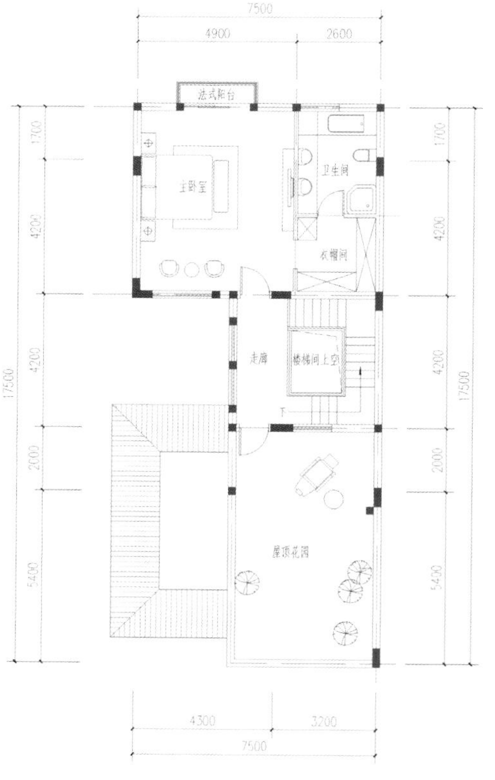

葡萄墅 A 户型 197m² 三层平面图

▶

万科清林径—万科 V–Nature 自然珍藏计划系列产品之一，360000m² 森林公园别墅住区，与规划中近 30km² 湿地森林公园裙带相依。别墅 240 ~ 310m² 田园宜居地产，60 ~ 150m² 景观高层及度假公寓三大物业形态有机共生。

项目位于龙岗中心北五联连心路，清林径森林公园南侧，项目占地面积 200000m²、建筑面积 357000m²。项目共分三期开发，其中一期主要建设内容为南地块的西侧高层住宅、低密度住宅、南侧商业、会所及东南侧小学和幼儿园；二期主要建设南地块东侧的高层住宅和低密度住宅，一期和二期以用地中心的水景为界；三期主要建设北地块。

360000m² 森林公园生态大社区，15000m² 南法风情商业街，10 大主题景区园林。仅 64 席森林山谷大墅，230–260m² 的空间南北通透，已预留室内电梯位，采光地下室，阔绰的露台与阁楼。

清林径一期建筑面积为 48760m²，共 997 套，主力产品为 81 套 200–300m² 的大宅、部分公寓和 65–110m² 的景观高层，规划中整个社区沿坡地自然排布。3 期 64 栋葡萄墅组成。

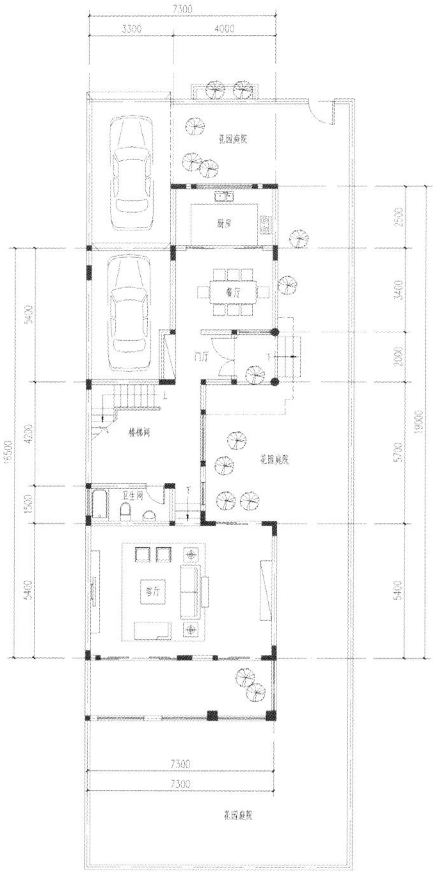

葡萄墅 D 户型 197m² 一层平面图

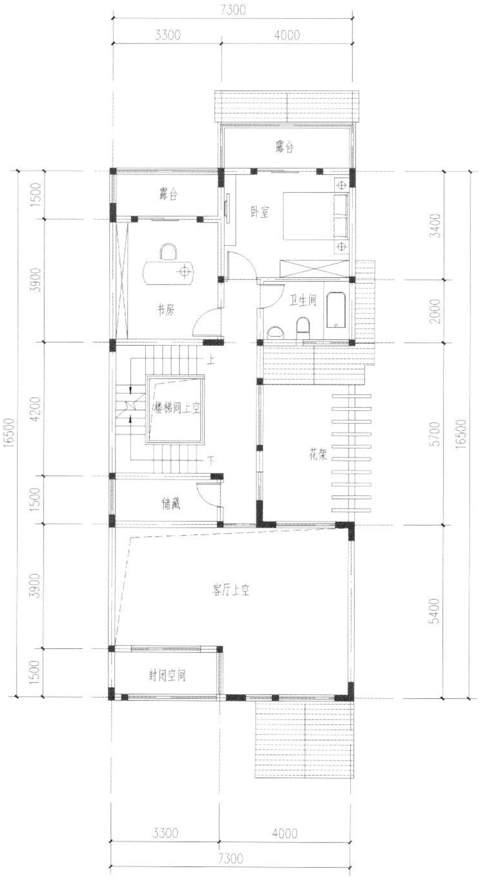

葡萄墅 D 户型 197m² 二层平面图

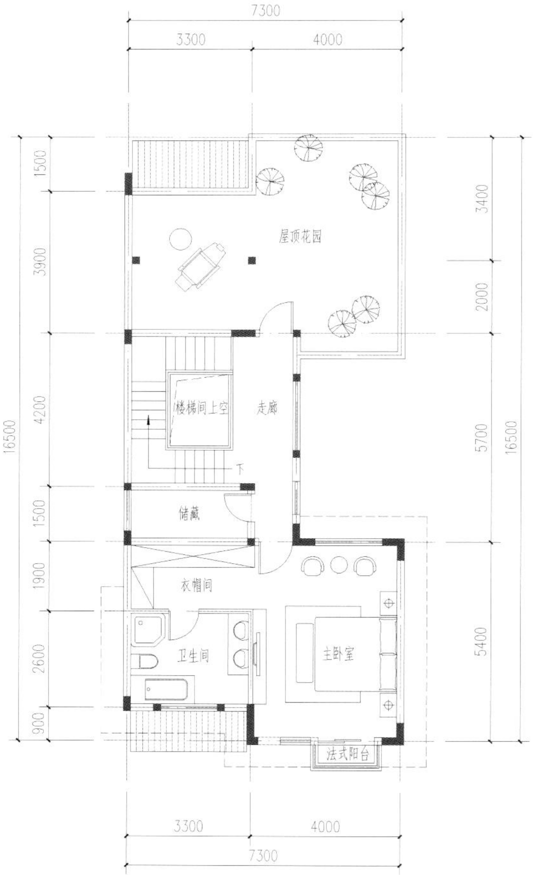

葡萄墅 D 户型 197m² 三层平面图

高端别墅大宅、至尊风情景观

High-Class Apartment With Extremely Fantastic View

东莞万科·松山湖1号

VANKE SONG SHAN LAKE NO.1, DONGGUAN

低密度西班牙风格人文社区

Low Density Spanish Style Humanity Community

占地面积：77000 平方米
建筑面积：133000 平方米
容积率：0.58
绿化率：40%
开发商：东莞市松山居置业有限公司 / 东莞万科房地产有限公司
建筑设计：美国博万建筑与城市规划设计有限公司（深圳市博万建筑设计事务所）
户 数：约 350 户
项目特色：水景别墅
项目位置：东莞松山湖高新技术产业开发区新竹路（57 号路）西南侧

Occupied Area: 77000m^2
Building Area: 133000m^2
Plot Ratio: 0.58
Greenery Ratio: 40%
Developer: Dongguan Songshan Property Co., Ltd./ Dongguan Vanke Real Estate Co., Ltd.
Architectural Design: America Bowan Architecture Design Co., Ltd.(Shenzhen Bowan Architecture Design Institute)
Number: about 350
Project Characteristics: Waterscape Villa
Project Location: Southwest No.57 Xinzhu Road, Songshan Lake High−tech Industries Development Zones, Dongguan

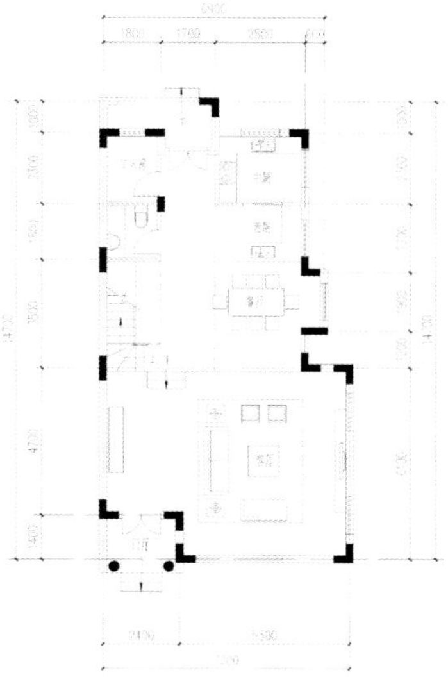

TB 户型一层平面图

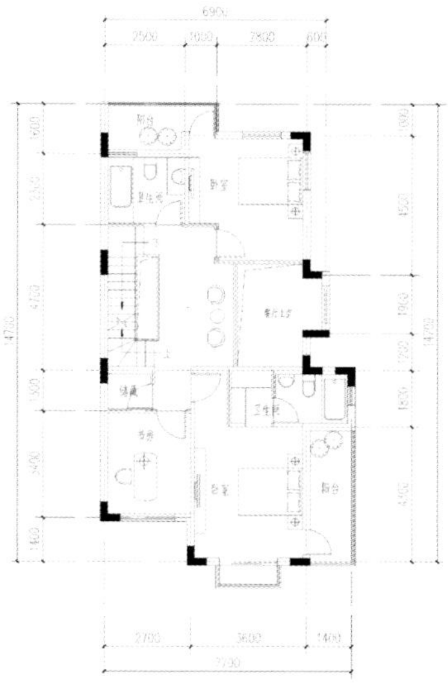

TB 户型二层平面图

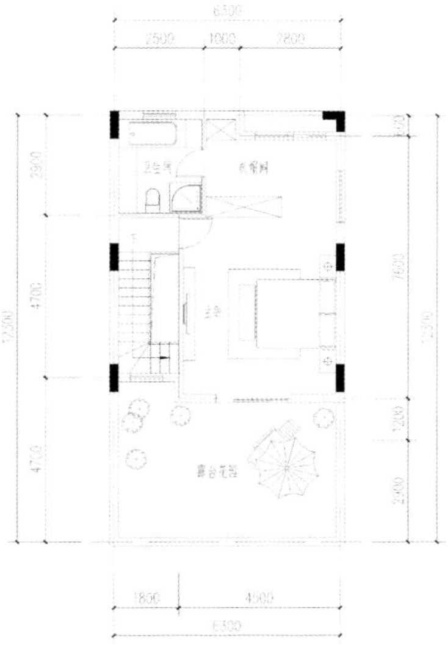

TB 户型三层平面图

▶

东莞万科·松山湖 1 号坐落在占地 8km^2 的淡水湖畔，峰峦环抱，烟波浩淼，风光迤逦，具有优越的地理位置及丰富的景观资源。项目包括联排别墅和独栋别墅，属中型低密度高尚社区。项目以低密度容积率打造纯 TOWNHOUSE 社区，在建筑用材上松山湖 1 号以 STUCCO 石材、涂料、筒瓦的搭配使用，高档、尊贵再现世界豪宅典范的西班牙建筑风格。

项目以尊重自然为本，将把松山湖优质饮用水资源引入社区，尽可能让自然资源更多的分配到每户之间，小区拥有 300m 沿湖漫步道，与区外 22km 长湖边步道融为一体，营造人与自然的和谐生活。

本案以“努力营造一种以高档住宅、联排住宅为主的低密度人文精品社区的居住氛围”作为规划设计的核心，以现有大小水面为依托，保留原始地形特点，通过对现有地貌的合理改造，形成多个以水面联系的居住组团。

建筑设计

立面设计遵循整个小区的规划设计原则，采用西班牙坡屋面建筑风格，在设计中注重异国风情气氛的渲染和亲切怡人尺度的创造。结合平面，设计重点在建筑的顶部、外墙、洞口和底部的细部刻画上。色彩上，屋顶采用彩瓦相间，墙面以黄色为主，辅以黄灰色、淡粉色等颜色，沿湖景观面加以退台设计，配以绿化种植，进一步使建筑与景观融为一体。

景观设计

采用以水为核心的规划理念：景观以会所为核心，放射状排列两条水轴线和一条绿化轴线，社区水域与园区水域形成互动延伸的扩展空间；通过社区亲水活动步道和湖心活动步道形成水中移动景观概念。此外，借鉴中式园林“移步换景”的空间处理手法，规划出独具特色的道路景观，并通过道路植物的承接体现出三季交替的时令变化。

东莞万科·松山湖 1 号设有入口景观大道及两大集中景观区，住宅绿化以宅前、宅后绿化为主。商业中心景观平台与景观大道中部滨水广场是共享松山湖景观的最佳地点。

项目特点

1、原生资源最大化

充分利用原生的地形、水系和植被，以社区会所为中心，设计亲水、休闲的社区活动场所。

2、开放、隐私交融化

通过曲线变化的街道，自然丛植的树木，以及收放结合的前院景观围墙，创造若隐若现，柳暗花明的景观空间情调与和谐的邻里街景。

3、水系与街区—名贵腕表上的分时针

以水系为主轴空间，通过渗入社区的纵向水体空间与现有湖面结合建筑的空间界定，增加街景空间层次，创造丰富、适合居住的尺度。

4、绿，小区中唯一不能摆脱的颜色

在社区绿化中：大树 70% 为常绿树种，通过丛植组团方式形成收放轻重结合的主空间，在建筑间距较开放处适当配置横向常绿和落叶主景大树。在近建筑和中庭（入口）种植中小树、常绿、落叶各占 50%。

高端别墅大宅、至尊风情景观

High-Class Apartment With Extremely Fantastic View

深圳万科城

VANKE TOWN, SHENZHEN

西班牙风情上品生活社区

Spanish Style Noble Living Community

占地面积：385560 平方米
建筑面积：5116714 平方米
容积率：1.1
绿化率：35%
开发商：深圳市万科房地产有限公司
户 数：700 户
建筑类别：独立别墅、联排别墅、情景洋房
项目特色：城市花园住宅
项目位置：深圳龙岗区坂雪岗工业区

Occupied Area: 385560m^2
Building Area: 5116714m^2
Plot Ratio: 1.1
Greenery Ratio: 35%
Developer: Shenzhen Vanke Real Estate Co., Ltd.
Number: 700
Building Category: Villa, Townhouse, Teyisihouse
Project Characteristics: City Garden House
Project Location: Xuegang Industry Zone, Longgang District, Shenzhen

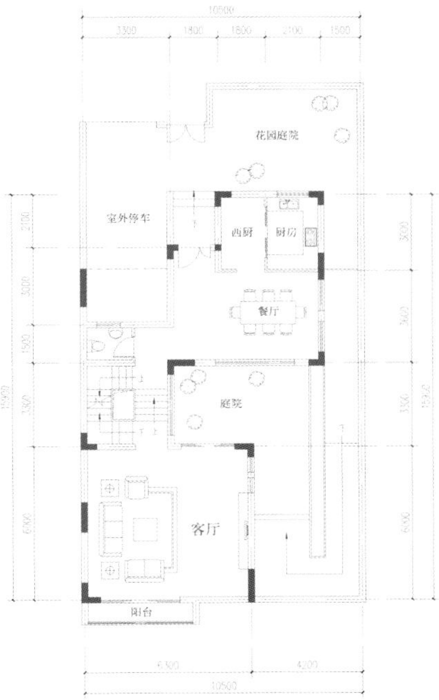

三期棕榈湾别墅 TC 户型 217m² 一层平面图

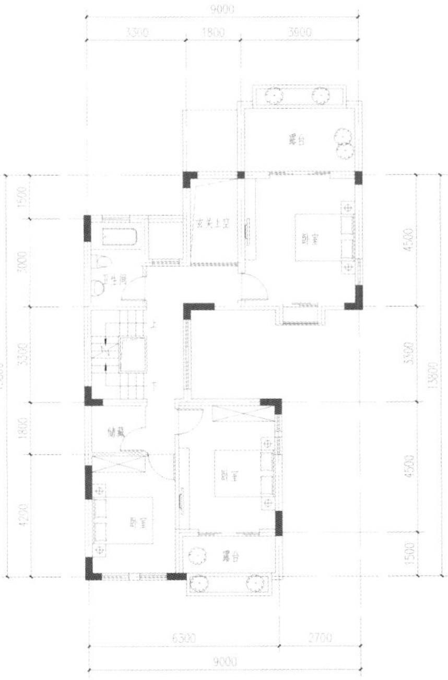

三期棕榈湾别墅 TC 户型 217m² 二层平面图

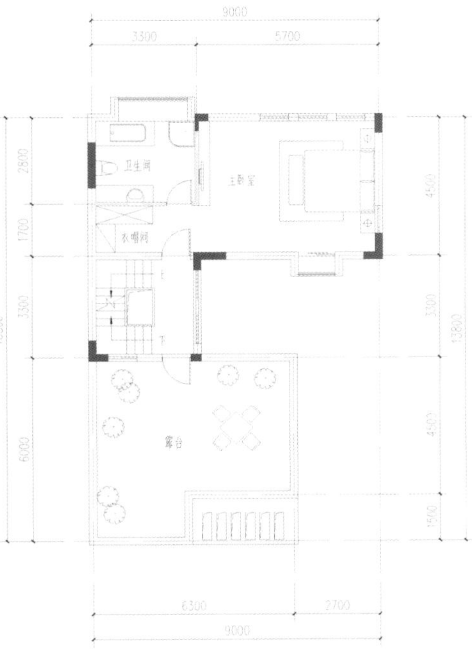

三期棕榈湾别墅 TC 户型 217m² 三层平面图

▶

万科在造一座城！“别墅”与“城”共同拥有！约 530000m^2 的万科缔造的是一个上品城区的生活核心，万科全力打造的帝王豪宅，生态技术的广泛应用，湿地环保，旱溪点缀；户型和园林设计有较大的改良；赠送车库，地下室，花园。部分户型配备双车库或双车位，每套别墅至少有两个花园，附赠价值约百万的设施设备，包括幕帘式安防系统、中央空调、新风系统、全屋中空 Low-E 玻璃等……小区具有浓郁的西班牙建筑风情，环境优美，交通便利，风情商业街让您的居家生活更方便，交通便利，小区内配套设施齐全，学校，幼儿园，游泳池，处在将来福田后花园的中心位置。

万科城三期销售面积近 190000 多 m^2、约 1694 套单位。140000 多 m^2 的占地规模，在此能享受约 1.3 低容积率的居住配比和景观式的亲地生活。三期户型上也会呈现出多样化的局面，包含 45 套面积在 215-266m^2，拥有私家前庭后院，写意露台，独立车库，风情地下室，私密性强等特点的 TOWNHOUSE 产品；205 套面积在 158-178m^2 精致型联院 TOWNHOUSE，拥有庭院，丰富的空间层次和划分，中庭采光，独立车库，风情地下室；还有 62 套 174m^2 左右新产品景院 TOWNHOUSE，结合联院 TOWNHOUSE 特点之余还拥有入户花园、大面宽等居住新理念；270 套花园洋房的升级版一大平面大面宽，层层退台，一、二层附送风情地下室，一层上下层庭院，三层复式户型的宽景 HOUSE 产品；还有普通中端产品 544 套 95-128m^2 享有入户花园，和丰富景观资源的高层住宅和约 568 套 35-60m^2 时尚公寓产品。

万科城四期纯粹住宅无商业，规划 12 班制幼儿园；5000m^2 运动公园及 2000m^2 架空层绿化空间，无处不在的休闲空间；仅供 TH 业主使用的 800m^2 私家泳池平米公共泳池。项目东区占地约 90000m^2，总建筑面积约 120000m^2，容积率为 1.3，其中东区御水湾别墅共计 157 套，主力户型为 180m^2 左右的景院别墅，约 215-245m^2 的联排别墅和约 260m^2 的双拼别墅，逸湖居高层单位共 200 多套，户型包括 124m^2 的三房和 149m^2 的四房。

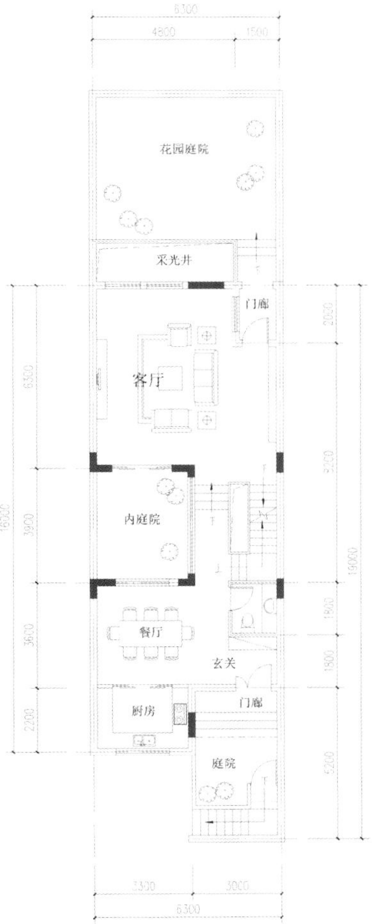

御水湾别墅 TB 一层平面图

御水湾别墅 TB 二层平面图

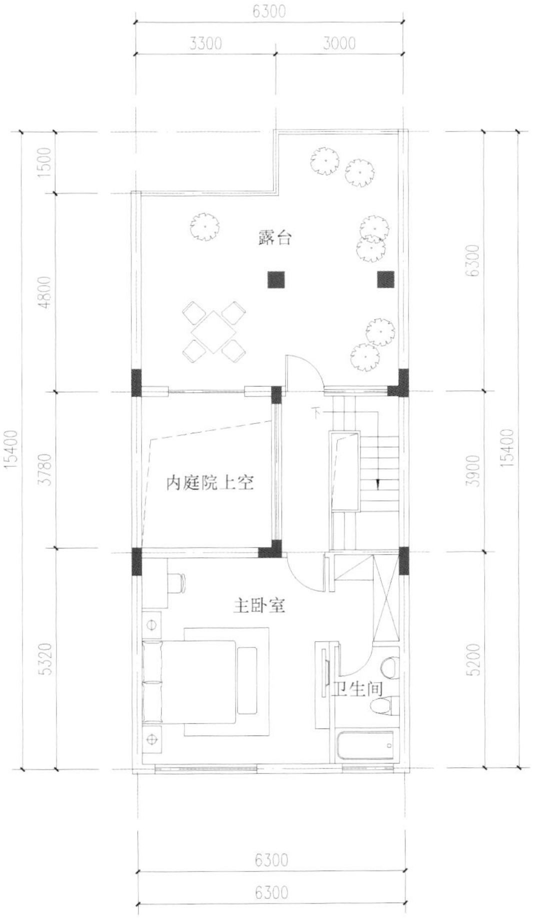

御水湾别墅 TB 三层平面图

广州新光城市花园
XINGUANG CITY GARDEN, GUANGZHOU

南加州风情纯别墅社区
California Style Villa Community

占地面积：364666 平方米
建筑面积：700000 平方米
容积率：0.40
绿化率：58.50%
开发商：广州世纪新光房地产开发有限公司
建筑设计：广东省建筑设计研究院
户 数：288 户
项目特色：山水景观别墅
项目位置：广州番禺南村镇兴南大道 368 号

Occupied Area: 364666m^2
Building Area: 700000m^2
Plot Ratio: 0.40
Greenery Ratio: 58.50%
Developer: Guangzhou Century Xinguang Real Estate Development Co., Ltd.
Architectural Design: The Architectural Design and Research Institute of Guangdong Provice
Number: 288
Project Characteristics: Scenic Landscape Villa
Project Location: No. 368 Xingnan Avenue, Nanchun Town, Fanyu, Guangzhou

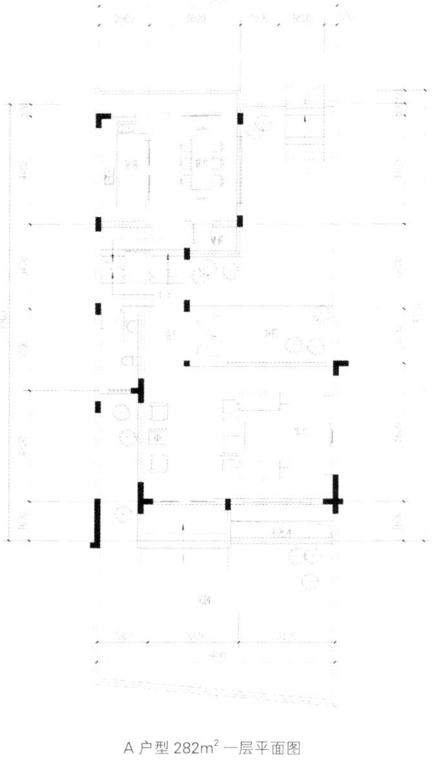

A 户型 282m^2 一层平面图

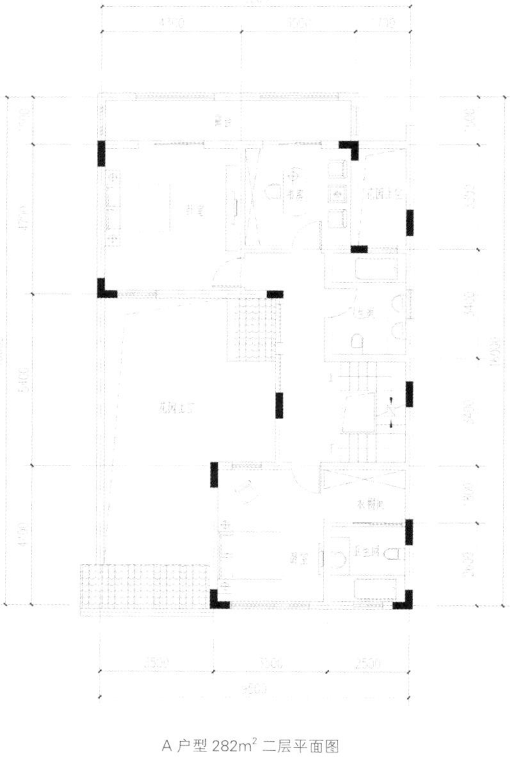

A 户型 282m^2 二层平面图

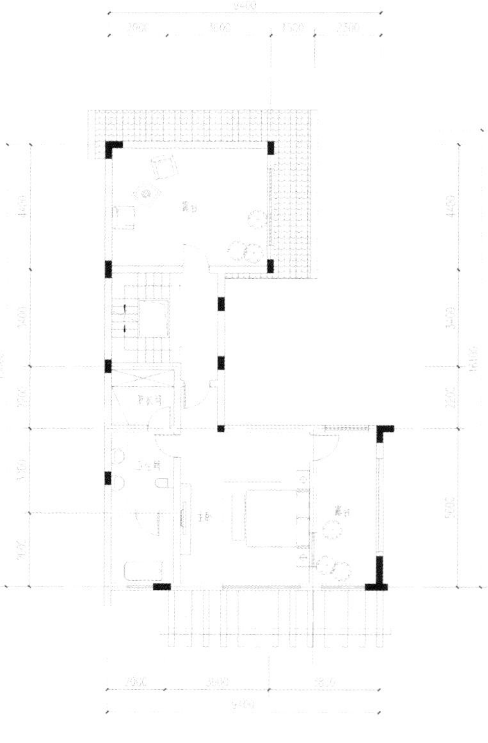

A 户型 282m^2 三层平面图

▶

新光城市花园位于番禺区南村镇兴南大道 368 号，紧邻广州雅居乐和江山帝景两大名盘，占地面积 500 余亩，属华南板块目前规模最大的别墅社区。整个社区拥有山、林、湖、岛、滩等自然景观，生态资源出众。

"北面垄坡"的大胆构思

项目多坡地的地形特点呈现出一定的地块优势，对于成功营造"最具大自然气息的城市别墅区"氛围有一定的优势。为了更好的实现这一规划目标，经过多次反复的实地考察，结合东方人的风水观，大胆的提出了地块改造的设想，即在北面设计一个土坡，使他它既满足了隔绝城市道路带来的噪音的功能，又形成南向阳坡，消除地块的本身的弱势，其地块价值也迅速提升。

重新定义私密性

新光城市花园在空间划分中，将私密性重新定义。对私密性的理解不再只是单向私密空间的定义，而是一种可以由住户自由掌控尺度的私密空间和公共空间的平衡。鉴于此，该小区在整体布局上，充分结合地块地形特征，营造出相对私密的各个组团，例如：从高层区到别墅区以水系为载体，分离成相对独立的生活区，到别墅区进一步细分为一半山组团、中心岛组团、半岛组团、庭院式组团、TOWNHOUSE 组团等不同类型且相对独立的组团。在产品设计上，每栋别墅都拥有自家的后花园、前庭花园以及阳光地下私人会所等，同时通过别墅形态的多元性，避免了建筑形式在同一组合空间中的复制，开辟出城市中心极为罕有的"私""享"天地。

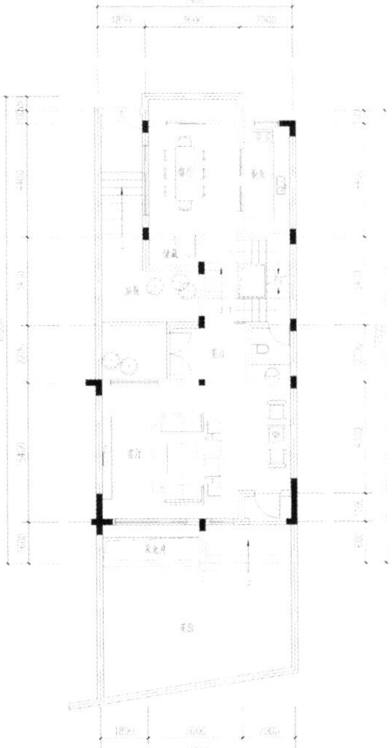

B 户型 270m² 一层平面图

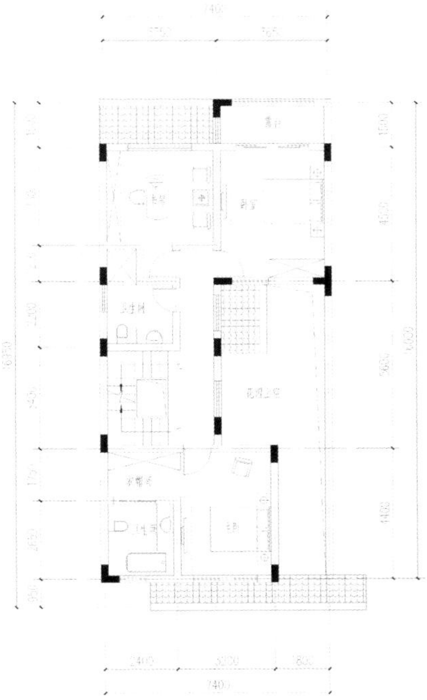

B 户型 270m² 二层平面图

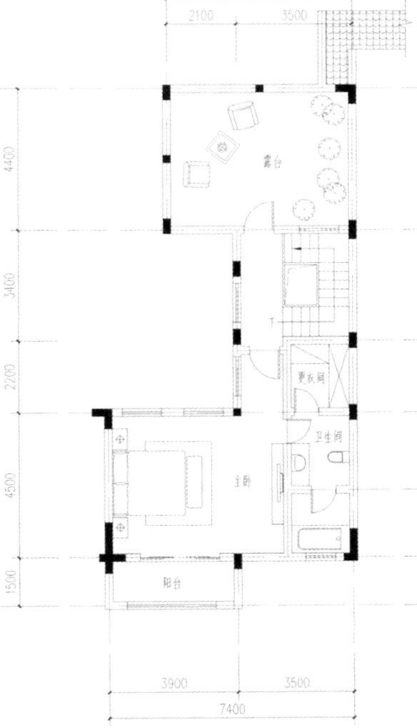

B 户型 270m² 三层平面图

▶

在这样一个“私”“享”空间里，以水系为纽带，贯穿整个小区，多个亲水平台巧妙的设计，使得各个组团共享水域公共空间；位于地块西北角的商业配套区，设计成同时面向住宅区和城市人流开放的入式开放社区，不仅达到了私密和共享的兼顾，也充分利用社区外城市道路的消费带动商业社区。

四面环水的中心岛别墅组团，是该楼盘最令人神往的地方，堪称为该项目继“北面垄坡”创意后最大的亮点。该组团的设计，打破原有平均的规划布局，将中心组团塑造为小区的“地王”，其两面面水延伸至四面环水，地块两侧的坡地对他形成环抱之势，“仁者乐山，智者乐水”的意境完美呈现。

项目一期推出 83 套，全部为别墅产品，户型面积由 230–440m^2，户户带花园和阳光地下室。建筑风格采用南加州形式，在户型上有所创新。

高端别墅大宅、至尊风情景观

High-Class Apartment With Extremely Fantastic View

三正卧龙山

TRI CITY WOLONG MOUNTAIN

现代欧陆经典别墅社区

Modern European Classic Villa Community

占地面积：400000 平方米
建筑面积：200000 平方米
容积率：0.99
绿化率：50.92%
开发商：东莞市三正房地产地产开发有限公司
户 数：532 户
建筑类别：别墅、独栋、联排
项目特色：山水别墅
项目位置：东莞市凤岗中心城永盛大街东北路段

Occupied Area: 400000m^2
Building Area: 200000m^2
Plot Ratio: 0.99
Greenery Ratio: 50.92%
Developer: Tri City Real Estate Real Estate Development Co., Ltd.
Number: 532
Building Category: Villa, Townhouse
Project Characteristics: Mountain Lake Villa
Project Location: Northeast of Yongsheng Street Dongguan Fenggang Central City

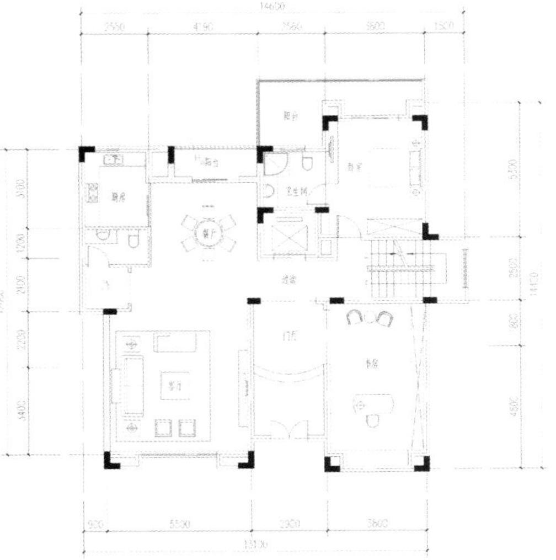

宝石 E 型一层平面图

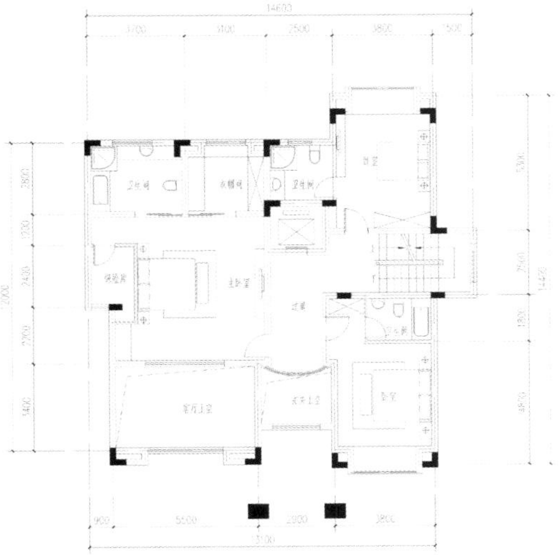

宝石 E 型二层平面图

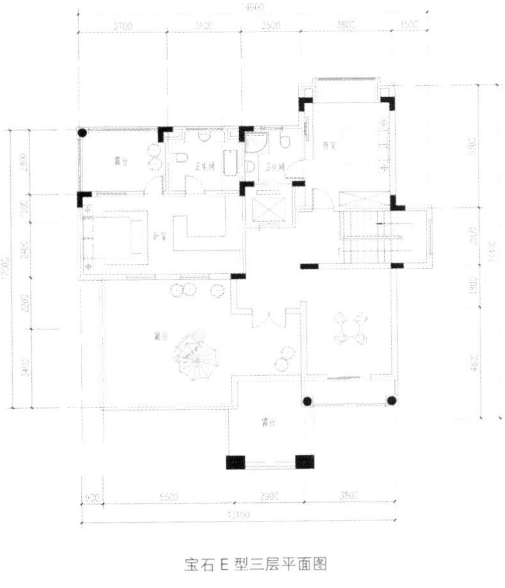

宝石 E 型三层平面图

▶

三正卧龙山位于凤岗镇现代化城市中心，是“一河两岸”工程的首个地产项目，总用地面积 40 多万平方米、小区紧邻东深公路、北接东深二线，南有东深供水河自西向东横穿，东西均有市政主干道南北连接，南面东深河两岸设计有滨水景观。优越的地理位置，良好的自然环境及一桥相连的商业中心，将是不可多得的居住物业区。

小区规划充分利用地形现状，本着经济性的原则保留原有的地形、地貌，顺着山形地貌布置路网及别墅单体。

规划结构可以用“一心三围五轴”概括，“一心”是指以悦龙湖为中心，是整个住宅区的中心；“三围”是指环绕湖的环形道路，“五轴”是指五条南北贯穿整个别墅区的景观绿化带。“一心三围五轴”的结构将居住区的建筑和空间组织的丰富有序。

小区是以豪华别墅组成的纯别墅居住小区，以欧陆建筑及园林

▶

景观为主体风格，充分利用依山傍水的有利条件，营造现代版欧陆经典生活。根据道路系统及竖向设计，将别墅设置成顺着山势递增式，建筑也由低而高递增。由于建筑物为三层豪华别墅，所以形成丰富的景观天际线。别墅朝向均为南北朝向，背靠青山翠岭，独拥纯天然的私家大氧吧，尽览门前“一河两岸”的极致景观，通风、采光、观景、纳凉无不协调统一于一体，打造理想的居住家园。

二期上峰居纯独栋别墅群，由 130 席欧陆经典风格的坡地独栋别墅组成，充分利用自然资源的原生态分布，依循原有山势和坡度而建，别墅建筑面积约 400–900m^2。

皇家法式园林由贝尔高林大师主笔设计，依循原生地貌，规划为“塞纳御花园”、“卢瓦雨长堤”、“宫殿之泉”、“普罗旺斯之廊”以及“里维拉海岸广场”五大特色景区。80000m^2 坡地园林与 20000m^2 悦龙湖景交相辉映，融汇成一道立体的风景线。为业主礼遇尊尚的生活，小区设有 3000m^2 豪华私人会所，各种生活娱乐设施一应俱全。

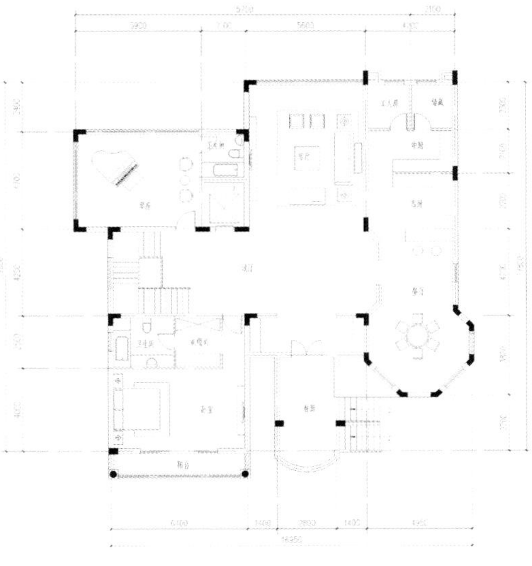

伯爵 C 型一层平面图

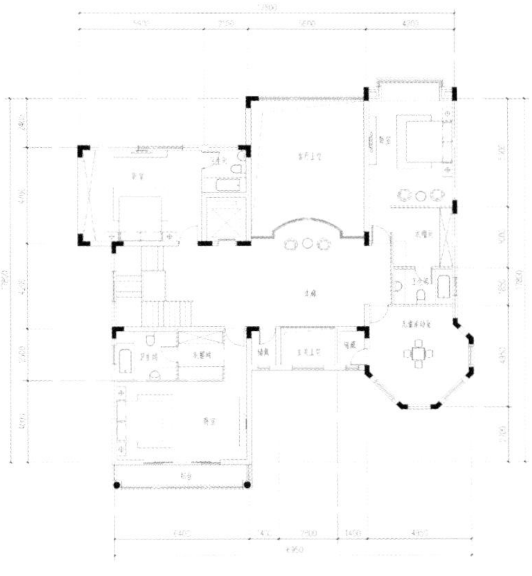

伯爵 C 型二层平面图

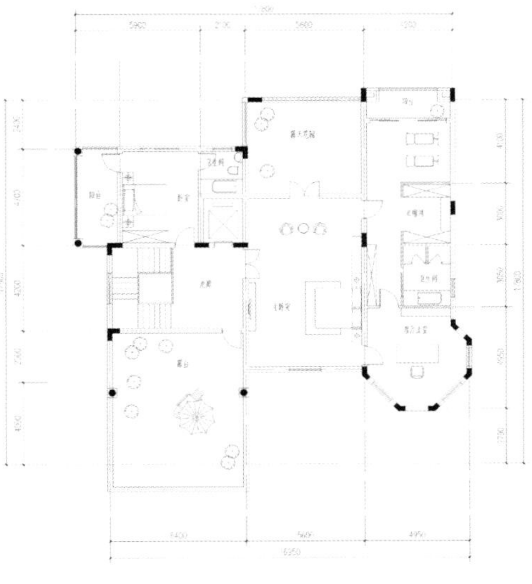

伯爵 C 型三层平面图

深圳十二橡树庄园
12 OAK GARDEN, SHENZHEN

经典北美庄园风情居所
Classical North American Style Living District

占地面积：137106 平方米
建筑面积：147000 平方米
容积率：1.12
绿化率：30%
开发商：深圳大贸股份有限公司
建筑设计：建设部综合勘察研究设计院深圳研究院\深圳市清华苑建筑设计有限公司
景观设计：加拿大奥雅园境师事务所
户 数：600 户
项目特色：水景住宅
项目位置：深圳龙岗布龙路与坂雪岗大道交汇处以西

Occupied Area: 137106m^2
Building Area: 147000m^2
Plot Ratio: 1.12
Greenery Ratio: 30%
Developer: Shenzhen Damao Co., Ltd.
Architectural Design: Ministry of Construction Comprehensive Prospecting and Exploration Research Design Institute Shenzhen Institute/ Shenzhen Tsingshua-yuan Architectural Design Co., Ltd.
Landscape Design: L&A Urban Planning and Landscape Design (Canada) Ltd.
Number: 600
Project Characteristics: Water View Living District
Project Location: Shenzhen Longgang Bulong Road and Banxuegang Steet Cross West

▶

十二橡树庄园位于深圳中轴豪宅板块，坐拥 7 大自然水库，2 大山体郊野公园资源，是深圳北部新兴的低密居住地带。

在十二橡树庄园的规划中，设计有中心水景五级叠瀑—“印象庄园”景区，这也是整个十二橡树庄园中最瑰丽、最壮观的部分。因为庄园地块南高北低，最高落差达 19m，因此十二橡树庄园在进行景观设计时，参考了著名的美国“大峡谷”，打造了 6000m^2 的中心水景和高达 19m 的五叠水瀑布，充分将地块落差立体化，充满想象力与创造力。

整个“印象庄园”景区由峡谷溪流、叠水瀑布、船形岛、人工湖等景观元素组成，拥有数万吨黄蜡石，数百种名贵树种，规划有五级叠瀑、大峡谷、林肯号、揽月楼等数十个主题景点，巨石林立，古拙苍劲，古树参天，浓荫蔽日。俨然是“一首立体的诗，一幅凝固的画”。其间 16 个核心景点贯穿了湖、瀑、涧、峡、林、径等多重景观，最终落足于“庄”上，让多元景观与建筑融为一体，使自然中轴与庄园生活连成一线。

水景与园林在深圳高端住宅中并不鲜见，然而自然景观与空间生活的联系共处，却有高低之分。从庄园中心水景东南端夹谷溪流的水源地，到中心水景北处的人工湖无边际泳池，揽月楼、叠水平湖、林肯号船型岛将中心水景分割，并按照建筑排列和庄园空间的秩序，逐一叠加，逐级累积。不仅做到了建筑景观最大化，更使得庄园生活围绕这些水景和园林诗意衍生。

十二橡树庄园纯庭墅，5 大价值体系：

1、别墅大社区中的稀缺 32 席庭院叠墅

十二橡树庄园是以名著《飘》为主题打造的城市浪漫风情、庄园式别墅社区，总占地约为 133000m^2，是专为城市高端精英人群打造的私家居住区。项目整体以别墅产品为主，并规划有少量的仅 32 席位的叠加产品。

2、别墅圈层豪配：豪华庄园会所，深圳大型酒窖，五级叠瀑园林

十二橡树庄园纯庭墅尽享庄园级别墅配套，2000m^2 巴洛克式豪华会所，深圳大型私家地下酒窖，私家泳池、健身房、棋牌室一应俱全；自然式景观园林，庄园主题式园林，19m 高差 5 级叠瀑，6000m^2 高峡平湖，120 余种大地珍藏；纯庭墅私享的前庭后院，最静谧、最私密、最舒适的大院子和空中花园。

3、纯庭墅底叠主打庭院生活，亲地享受舒适无比

十二橡树庄园庭院叠墅底 TOWN，近 50m^2 的小庭院落独享空间，私密性极好，真正有院子的家，是与家人朋友聚会、畅聊的最佳场所。

4、纯庭墅顶叠创意空间无限，遨天揽地的尊贵品位

十二橡树庄园庭院叠墅顶 TOWN，空中花园，视野极佳享受；顶层大露台，创意随心所欲。

5、户型设计：空间灵活、高级享受

紧邻庄园中心水景五级叠瀑的三期临湖别墅，全部为联排别墅和双拼别墅，位于整个庄园最中心的位置，拥有最优越的景观资源。空间设计灵活、专为奢享型尊贵客户打造，主力面积段为 220 ~ 260m^2。为了营造更佳生活感，在空间方面三期别墅面宽全部在 7m 左右，最大的宽度达到8.4m; 客厅层高全部在 4.5m 以上，最大的层高达到了 8.4m，是深圳同类、同面积段的别墅产品当中“面宽最大，层高最高，尺度最宽”的“三高”产品。

全新的理念，独特的设计，精雕细刻的品质，十二橡树庄园重新铸造深圳“人居”的巅峰造诣。

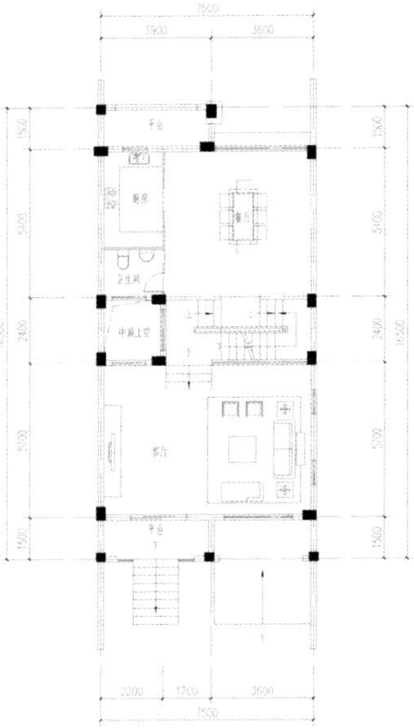

N1-3 户型 320m^2 一层平面图

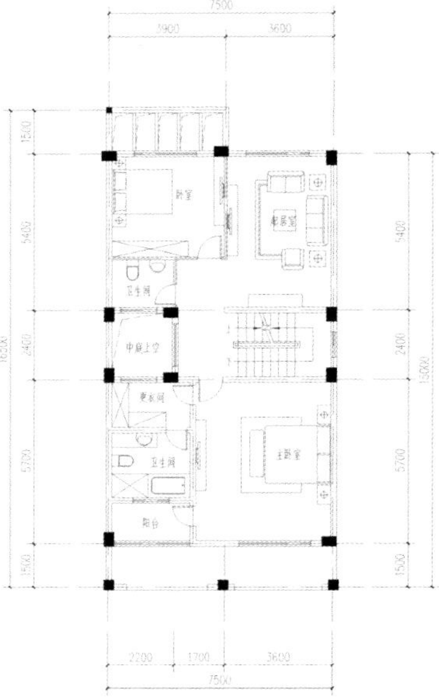

N1-3 户型 320m^2 二层平面图

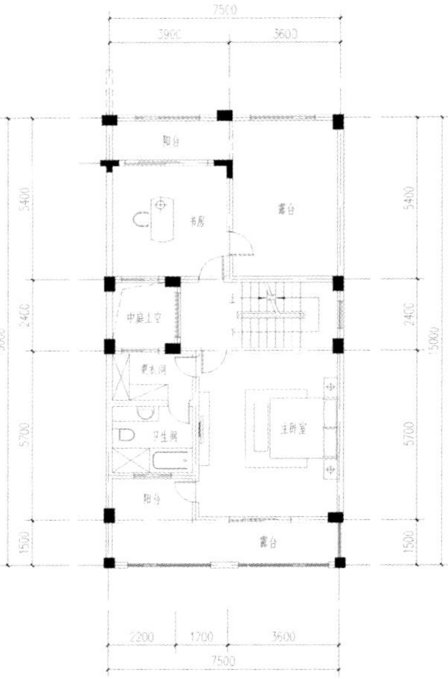

N1-3 户型 320m^2 三层平面图

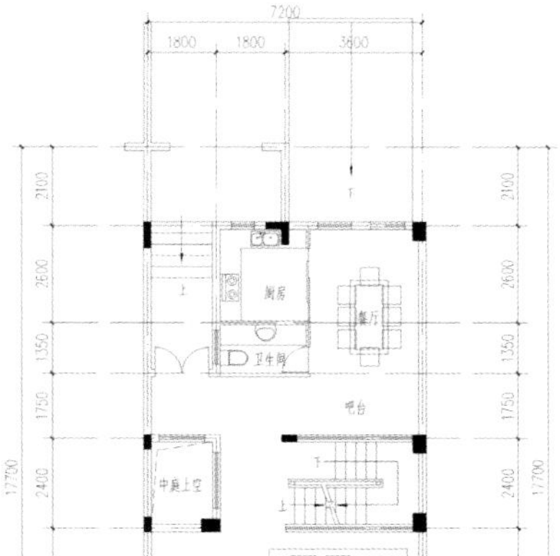

宽墅 H2-1 户型 226m² 一层平面图

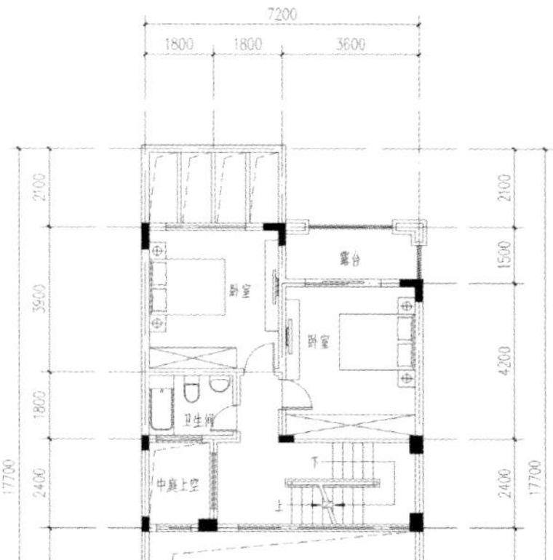

宽墅 H2-1 户型 226m² 二层平面图

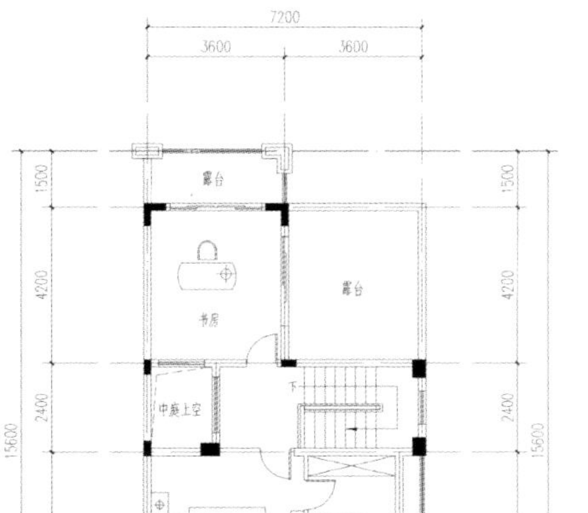

宽墅 H2-1 户型 226m² 三层平面图

佛山万科·金御华府

VANKE NEW ORIENTAL MANSION, FOSHAN

新古典主义，东南亚园林式别墅
New Classicism, Southeast Asia Garden Villa

占地面积：110000 平方米
建筑面积：334672 平方米
容积率：2.20
绿化率：52.64%
开发商：佛山市万科置业有限公司
景观设计：香港雅博奥顿国际设计有限公司
户 数：2000 户
项目特色：城市景观别墅
项目位置：南海桂城桂平西路 8 号

Occupied Area: 110000m^2
Building Area: 334672m^2
Plot Ratio: 2.20
Greenery Ratio: 52.64%
Developer: Foshan Vanke Property Co., Ltd.
Landscape Design: Hongkong ADI International Design Co., Ltd.
Number: 2000
Project Characteristics: City Landscape Villa
Project Location: No.8 West Guipin Road, Guicheng Nanhai

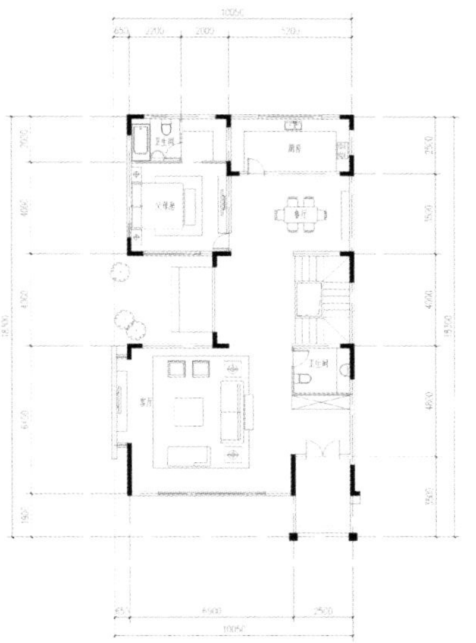

艺墅 1 座 01 单位一层平面图

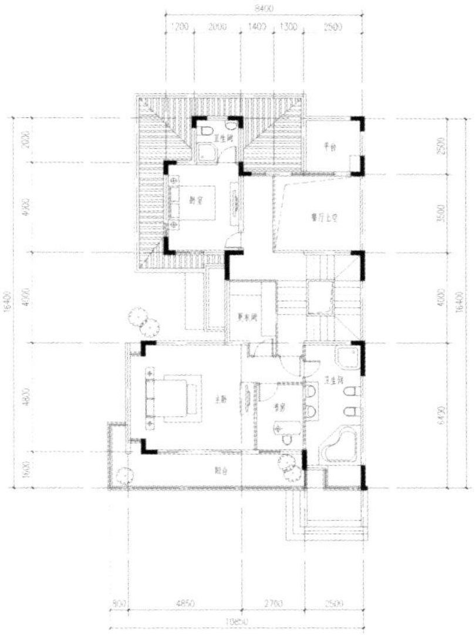

艺墅 1 座 01 单位二层平面图

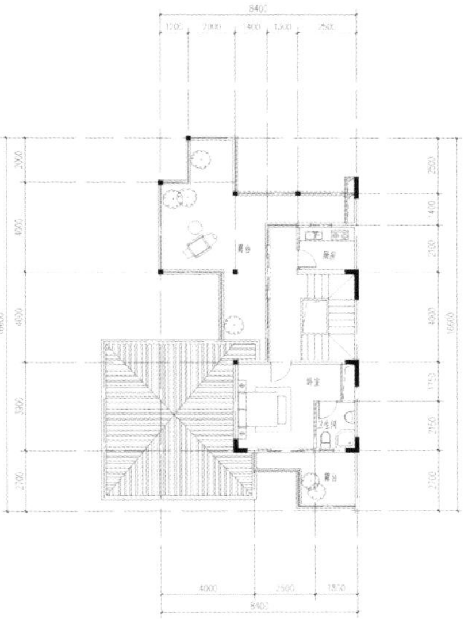

艺墅 1 座 01 单位三层平面图

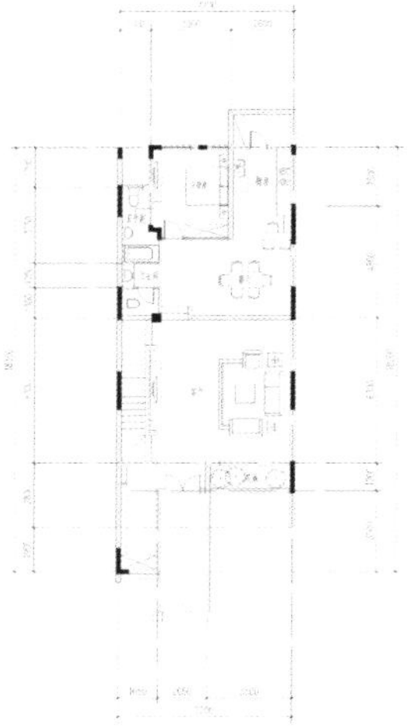

艺墅 1 座 02 单位一层平面图

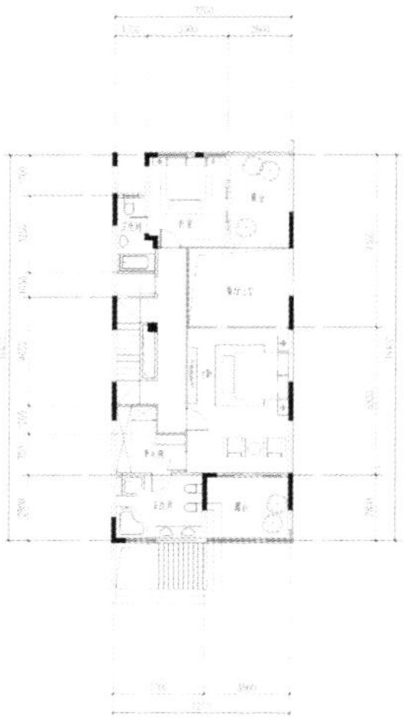

艺墅 1 座 02 单位二层平面图

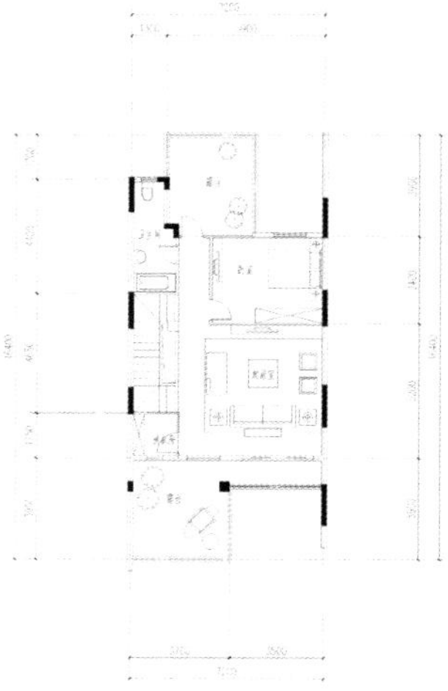

艺墅 1 座 02 单位三层平面图

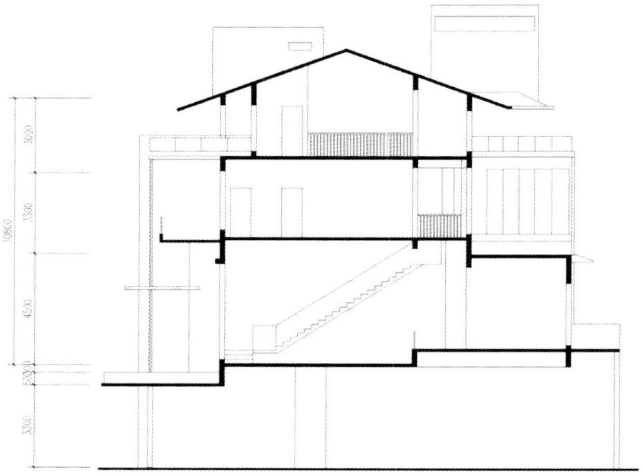

艺墅 1 座 02 单位剖面图

▶

项目位于南海桂城东，广佛 RBD 核心位置，周边有广佛轨道交通、佛山一环等城市交通动脉，尊享 10 分钟成熟步行生活圈，以畅达的信息和交通筑就了高人一等的宽阔眼界。在这繁华锦地，金御华府以凯旋门把喧哗隔绝于外，又将府邸护佑其中，于清雅幽静中轻取城市繁华，自成一统，自然从容。项目占地 110000m^2，其中住宅建筑面积 220000m^2。

建筑设计为新古典主义的建筑风格，传承了起源于欧洲的 ART DECO 的设计理念，外表俊朗、挺拔。内部园林则为东南亚度假酒店园林设计；一期产品有三类：城市别墅—“领墅”、空中水景大宅—“阔景御院”、复式—“叠景华院”。

万科金御华府是桂城中央惟一别墅社区，产品类型以联排别墅、高档洋房为主，产品设计时尚、人性化，错层阳台、附加值高、别墅人车分流等等，引领佛山房地产市场进一步发展。项目规划配套 5000 多 m^2 恺撒广场，2700m^2 多功能豪华会所—“金御会馆”，是目前佛山功能最丰富的会所。超豪华配套打造高品位生活标准，彰显城市新贵的专有身份。万科物管更将提供五星级酒店式的服务，从静态的景、动态的人，金御华府都将为佛山人建立全新的享受型的城市豪宅标准。

▶

项目以大面积“中央水体”为规划设计主导，塑造开放性、舒适性的社区环境。组团型的住宅区空间格局，强调居住环境的人性化；多向选择性。公共服务设施和空间环境，满足不同客户的不同需求；强化以住宅街坊为单元，将组团一级道路公共化，建立具有私密性“开放型”的社区。

园林规划以东南亚度假酒店园林设计，独具“香堤雅境”的魅力，特色园林不仅仅是一道美丽的风景线，更是可尽情互动并参与的自然空间。偏向热带的现代风格，商业街及商业广场购物非常便捷，为城市增添活力。灵活多变的户型空间，激发居者无限生活灵感。

艺墅景院

万科金御华府300m^{2}联排艺墅和230～250m^{2}的三厅景院别墅，是目前桂城东仅有的稀缺城市美墅，将ART DECO建筑风格发挥的尽致淋漓，独享自在阔绰空间，人生卓然自然体现。三厅景院，阔绰大户，高性价比的户型使用率，更有6m挑高空中露台直连客厅，让您体验大平面、大空间的空中别墅级生活。

深圳水榭山

SHENZHEN SHUI XIE SHAN

中心区、低密度北美风格纯美墅

Downtown, Low Density Northern American Style Villa

占地面积：143047 平方米
建筑面积：85850 平方米
容积率：0.60
绿化率：35%
开发商：深圳市水榭花都房地产有限公司
建筑设计：浙江绿城东方建筑设计有限公司
景观设计：香港易道 EDAW 国际
户数：300 户
建筑类别：联排、独栋、双拼
项目特色：宜居生态地产
项目位置：深圳宝安龙华街道办民乐路与外环南路交汇处

Occupied Area: 143047m²
Building Area: 85850m²
Plot Ratio: 0.60
Greenery Ratio: 35%
Developer: Shenzhen Shui Xie Hua Dou Real Estate Development Co., Ltd.
Architectural Design: Greentown Oriental Architects
Landscape Design: Hongkong EDAW International
Number: 300
Building Category: Townhouse, Villa, Semi-detached House
Project Characteristics: Livable Ecological Real Estate
Project Location: Shenzhen Bao' an Longhua Street Ban Min Le Road and the South Out Ring Road Cross

▶

中心区低密度纯美墅 人文建筑历久弥新

水榭山是深圳中心区绝无仅有的低密度纯别墅项目，倾念人文地产演绎，骨子里渗透着细节的文化内涵。完美传承经典百年美式建筑精华；国际大师打造青花瓷主题园林，传承中华五千年文化。

离尘不离城。水榭山背山面水，为城市中心难得的居家之地。南北两侧是原生植物覆盖的山体，东南面是自然原生的约 170000m^2 的水库。项目占地面积 143047m^2，容积率仅 0.6，是深圳市目前少有的纯 TOWNHOUSE 小区。

水榭山小区规划以自然生态为原则，充分尊重地形，利用地块山体背景及原有地形高差，通过对住宅的精心巧妙的布局，使尽可能多的住宅朝向水库及山景，形成依山傍水的立体空间结构。园林规划，在充分尊重地块原生自然景观资源的基础上，形成与建筑体相协调的粗犷、自然与细腻的园林景观。路灯、入户门、景观小品等融合中国古老的青花瓷元素，结合西方物件的精工，为项目夺身定制。

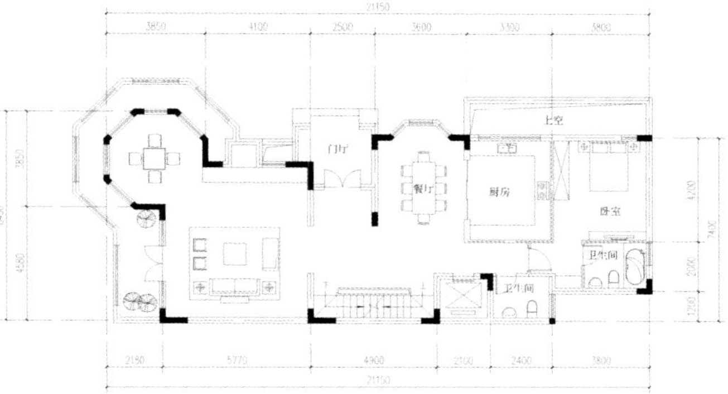

联排别墅 III 型一层平面图

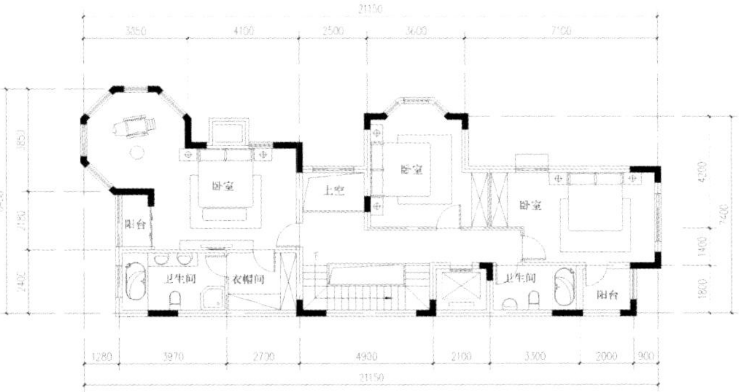

联排别墅 III 型二层平面图

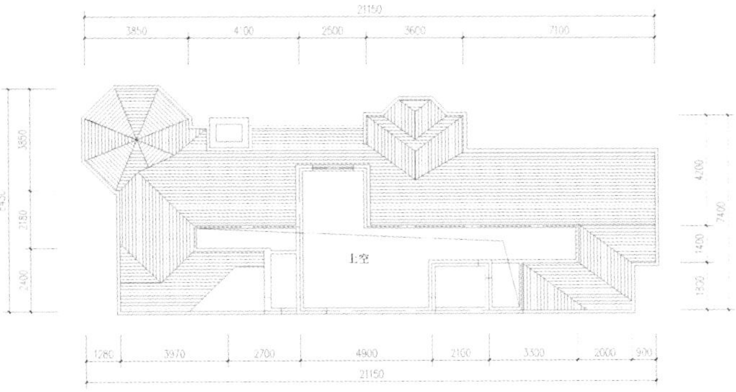

联排别墅 III 型三层平面图

▶

水榭山是深圳首个北美风格的纯别墅小区。注重建筑细节，用材考究，沉稳大气；内部空间紧凑合理，具有高舒适性和高实用性。实现全地下停车，不仅减少了灯光、尾气等对居住于此的人的影响，同时也将更多的地面空间还给绿地，成为私家花园。水榭山有 3000m^2 会所，具有泳池、休闲等多项功能。

水榭山三期

三期处于整个项目地块的中部，为水榭山项目资源中最好的区域，紧临北侧的山体公园，而且俯瞰小区内湖，非常安静。水榭山三期的产品分为联排跟双拼两种共 82 套，双拼 6 套，联排 76 套。其中联排当中又根据地形和规划分为 3 联排、4 联排、5 联排和 6 联排。联排端头单位面积 270-340m^2，联排中间户型 230-265m^2，双拼单位 450-650m^2。

水榭山三期特点

1、全部预留电梯位。2、为水榭山王座组团，享内湖资源。3、每户至少 2 个停车位，部分更多。4、双拼户型由 3 面采光改进为 4 面采光，通风采光性更强，且全部采用双首层设计，产品利用率更高。

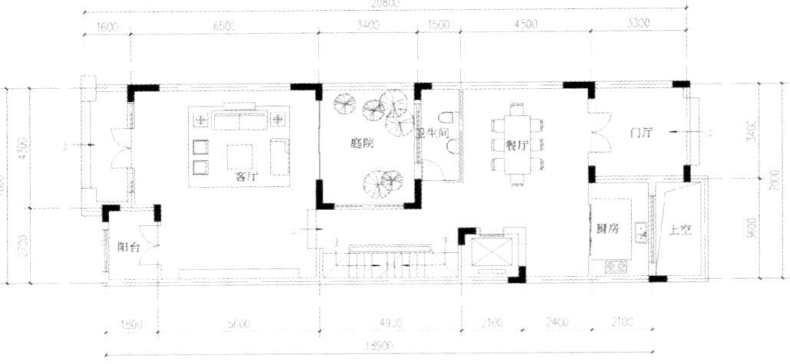

联排别墅 VI 型一层平面图

联排别墅 VI 型二层平面图

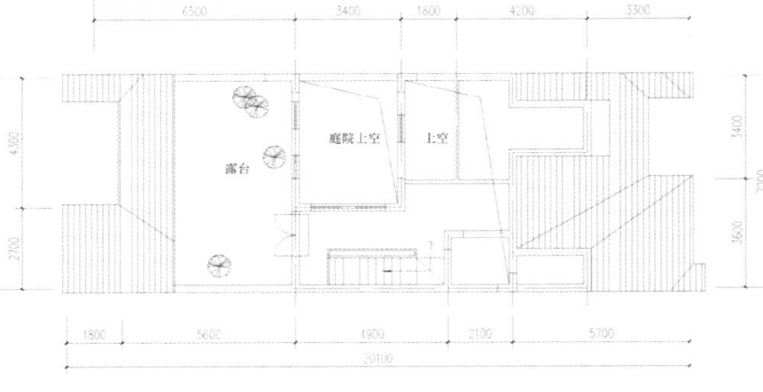

联排别墅 VI 型三层平面图

雅居乐御龙山

YAJU LE YULONG HILL

国际生态湖山大城
INTERNATIONAL ECOLOGICAL LAKE AND MOUNTAIN CITY

占地面积：198992 平方米
建筑面积：275979 平方米
容积率：1.38
绿化率：38%
开发商：中山市雅建房地产发展有限公司
户 数：2017 户
项目特色：湖山别墅、洋房
项目地理位置：中山市五桂山山麓翠山路（中山温泉高尔夫球场旁）

Occupied Area: 198992m^2
Building Area: 275979m^2
Plot Ratio: 1.38
Greenery Ratio: 38%
Developer: Zhongshan Yajian Real Estate Development Co., Ltd.
Number: 2017
Project Characteristics: Lake and Mountain Villa, Mansion
Project Location: Lucuishan Road, Wugui Mountain Zhongshan City(Nearby Zhongshan Spring Golf Ground)

獨攬高爾夫綠茵
86337688

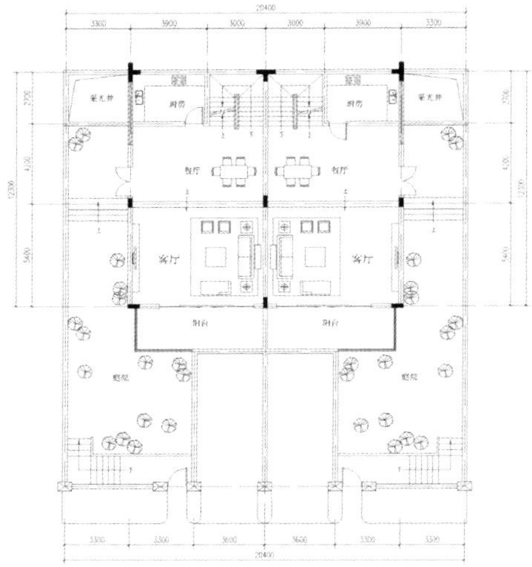

H 型双联排别墅一层平面图

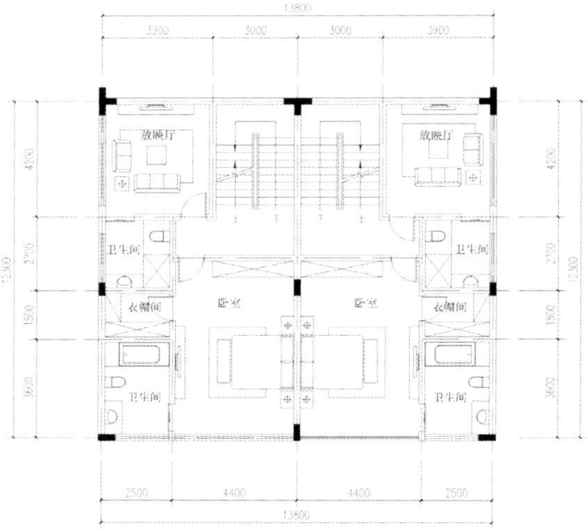

H 型双联排别墅二层平面图

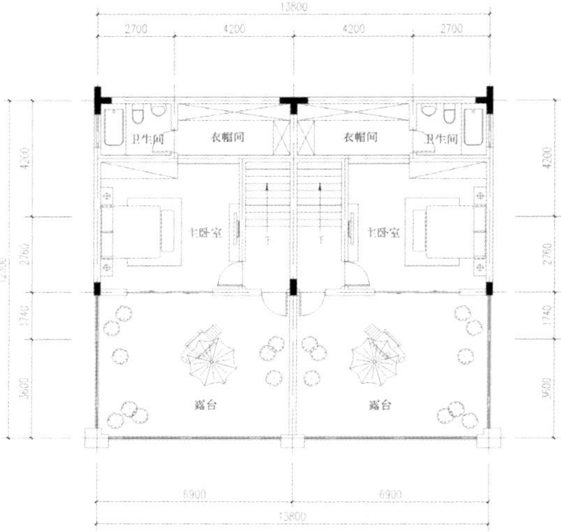

H 型双联排别墅三层平面图

▶

项目位于中山市五桂山与三乡之间，临近翠山路、城桂路、沙坦路，产品有高层住宅、联排及独栋别墅，建成后总户数可达到 2017 户。2015 年港珠澳大桥如期通车后到香港只需 45 分钟车程，地理位置非常优越，畅享珠三角一小时、半小时生活圈。所在位置属于五桂山自然生态保护区内，与中国首个高球场—中山温泉高尔夫球场为邻，千米天成河道环城的珍奢自然资源、高端的国际配套、1500 亩超大的社区规模和雅居乐地产卓越的建筑品质。

146–485m² 台地别墅，世界顶尖人居的中山样本。

一期一区高球别墅共 118 套别墅，共分为 6 种户型，其中包括 A 型、C 型、E 型独立别墅、D 型的双拼别墅、T 型的联排别墅及 H 型的四孖屋别墅等多种形式，建筑面积由 146–485m² 不等。

C 型独立别墅建筑面积约 484m²，设计特点为：1、独揽 36 洞温泉高尔夫绿茵，典藏天地至奢盛景；2、阳光双车位设计，坡道入库电梯直上，尊享多重私密；3、独创花园玄关，层层递进，错落有致，尊享多重私密；4、厅出花园露天泳池，奢享顶级生活更多专利；5、中山首创私家电梯，享受与众不同的极致奢华；6、空中花园，总统套间，涵养人生大度，

雅居乐地产
香港联交所上市 编号：3383
五桂山生態保護區
WUGUISHAN ECOLOGICAL PROTECTION ZONE
0760
86337688

▶

成就私人优阔王国。

D 型独立别墅建筑面积约 232m^2，设计特点为：1、独创花园玄关，深藏豪门生活的奢华与隐私；2、大面积连廊花园环绕，循法人性的别墅礼序；3、独创采光井、阳光车房、储藏间，方正实用；4、花园、客厅一线连通，阳光清风开阳融通；5、豪华套房系列，独立卫浴、衣帽间、露台四位一体；6、前后阔景露台对开，精奢主人套房，独拥奢华人生享受。

一期二区别墅也仅有尊贵的 105 席，共 4 种户型，分独立、双拼、联排，面积由 146m^2 至 296m^2 不等；首创半沉式阳光地下室，双采光天井设计，地下室宽敞明亮；三进三叠的庭院设计，私密性非常高；每户赠送地下超大多功能室，可做健身房、桌球室、家庭影院等。小区出入口人车分流，每户半山别墅均拾级而上设有私家花园尊贵身份即刻彰显。

二期“江山别墅”仅 105 席，户型有 H 型（146m^2）、T 型（185m^2）、D 型（232m^2）、A 型（265m^2）4 种，以受市场欢迎的中小面积的别墅为主打，涵盖了独立、双拼、联排多种产品。“江山别墅”最大的特点在于左临 1000m 护城河，右傍五桂山国家级自然生态保护区，划江为界、封山为疆，依水背山而建，面水而居，相较一期高球别墅享有山林、高球同时更多了一份水的雅致。二期“江山别墅”以首创台地别墅建筑形态，三进三叠立体风景、创新私密花园外玄关设计，以及别墅大师级园艺交楼标准，附送地下层创意空间，为成功人士创造多重非凡生活享受。

雅居乐御龙山洋房

首批洋房共 13 栋，1794 户，珍罕高尔夫湖山洋房，别墅区洋房与别墅共享五桂山、中山温泉高尔夫球场、护城河道、百年香樟多重景观，凌驾于别墅之上，遥望田心水库碧波翠堤，居住更为通透舒适。84-355m^2 面积段，享山、湖、园、河、高尔夫五重景观，户型涵盖了从一房单位到豪华复式的多种户型，户户 N+1、N+2 户型增加空间的丰富性。户户曲尺阳台，超大观景阳台、270° 飘窗，私藏一篇山水于窗前。

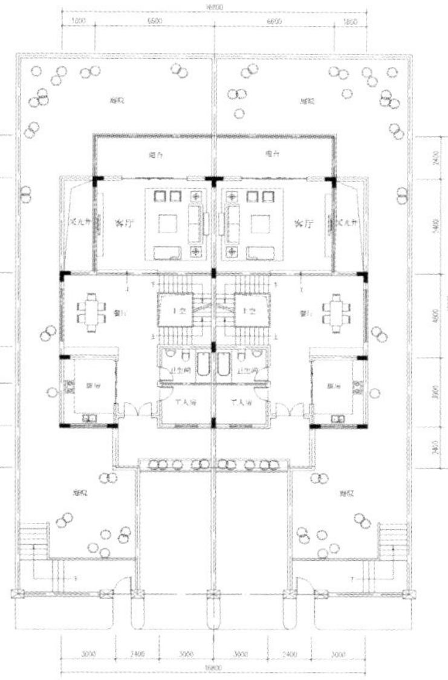

D 型独立别墅一层平面图

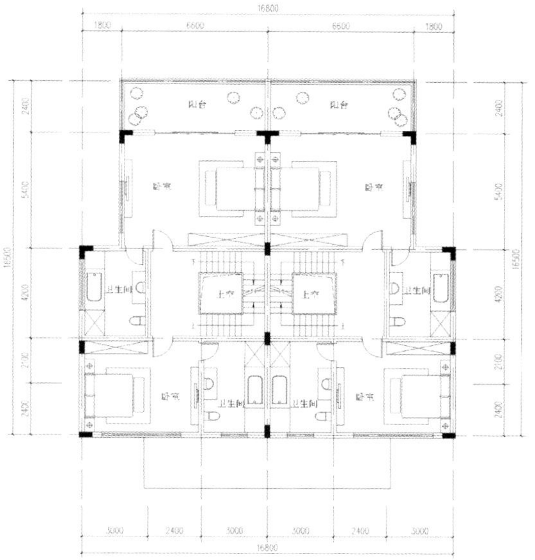

D 型独立别墅二层平面图

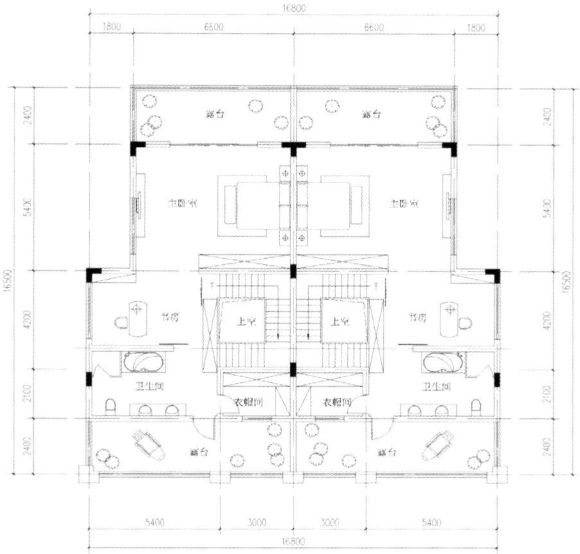

D 型独立别墅三层平面图

世纪海景·樽海

CENTURY SEAVIEW, ZUNHAI

西班牙皇家原生态山海别墅
SPANISH ROYAL ECOLOGICAL MOUNTAIN LAKE VILLA

占地面积：53307 平方米
建筑面积：33500 平方米
容积率：0.64
绿化率：33%
开发商：世纪海景实业发展（深圳）有限公司
户 数：133 户
项目特色：山海别墅
项目位置：深圳龙岗区南澳镇洋畴湾（南澳世纪海景高尔夫球会旁）

Occupied Area: 53307m^2
Building Area: 33500m^2
Plot Ratio: 0.64
Greenery Ratio: 33%
Developer: Century Seaview Industry Development(Shenzhen) Co., Ltd
Number: 133
Project Characteristics: Mountain Sea Villa
Project Location: Shenzhen Yangchouwan, Nan’ao Town Longgang District(Nan’ao Century Sea View Golf Club)

▶

世纪海景·樽海位于深圳南澳洋畴湾“一线建设控制区”以内，三面环海、一面傍山，南中国唯一同时拥有无敌海景、山景、高尔夫、游艇会的半岛纯别墅区。

世纪海景·樽海为西班牙皇家生态景观别墅，阶梯式豪宅布局融合经典的欧式风格与山海自然元素，可观千米海岸景观、地中海四季园林、喷泉水景、土陶花钵、高大乔木、原石、精雕细琢的拱门回廊檐线、罗马雕塑……纯粹全景豪宅户型设计，山景、海景、高尔夫景观触目可及；山海间95%空气负离子含量。海景大平台庭院延伸至室外12000m^{2}社区私属滨海浴场，首层架空花园、挑高式双厅，西班牙Patio前后庭院、套内电梯等等纯别墅空间，既可作为商务宴会的气派排场，抑或成为度假大宅。果岭海有12000m^{2}的私人沙滩和1.5km的私家公路仅供业主使用。

独栋别墅建筑面积为460m^2～570m^2，首层露天全海景泳池，私家酒窖、SPA等纯豪宅配套的西班牙风情皇室别墅，约30m半山台地落差，前后花园簇拥。实用阳光地下空间赠送面积达50m^{2}以上，约1：1赠送，双首层纯正豪宅设计，双层挑高客厅。

双拼别墅建筑面积约245m^2，双阳光地下车位，观景大露台，风光通透，前后及旁侧花园簇拥，主人套卧阳台落地窗设计，直面无际海景。

复式住宅建筑面积为176m^2～275m^2，超大山海连景入户花园，会客厅、阳台挑高设计，景观餐厅接花园大阳台，主客双卧，私享无遮拦壮美海景。

花园洋房建筑面积为120m^2～180m^2，超大山海连景入户花园，立于景观中心，尽享园林绿景，主客双卧，私享无遮拦壮美海景。

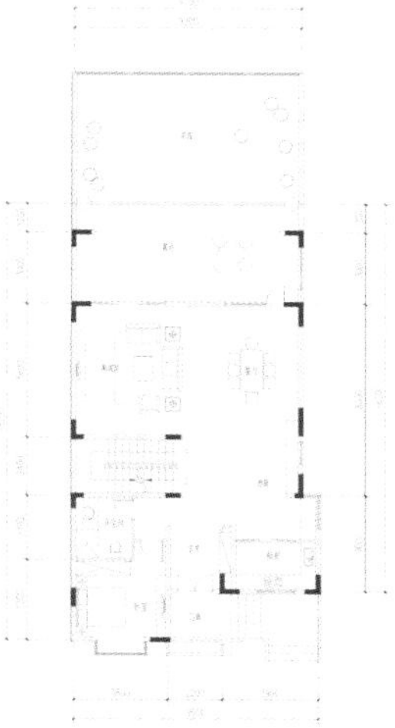

果岭海 A1 型 265m^2 一层平面图

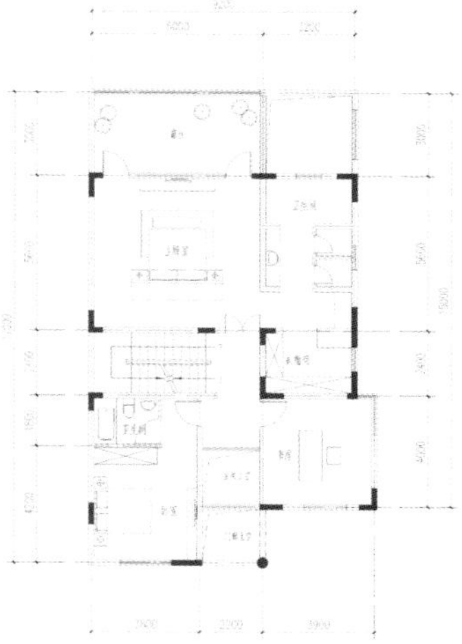

果岭海 A1 型 265m^2 二层平面图

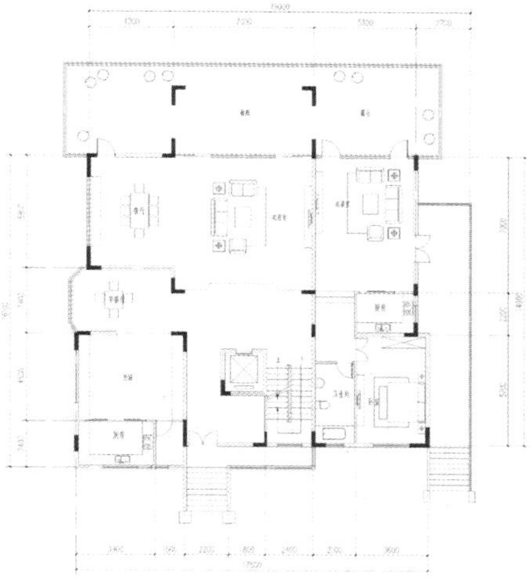

果岭海 A1 型 527m^2 一层平面图

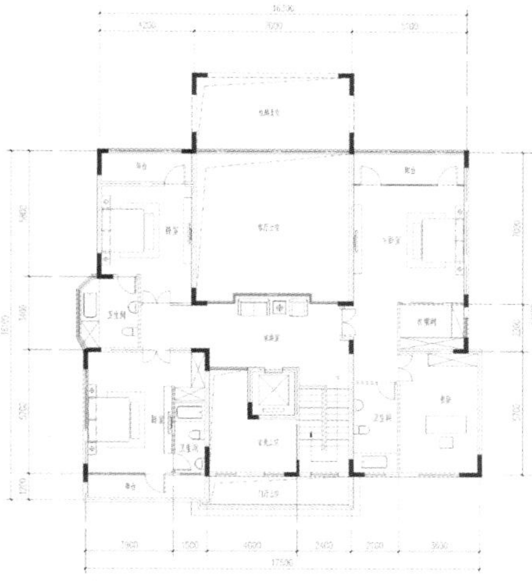

果岭海 A1 型 527m^2 二层平面图

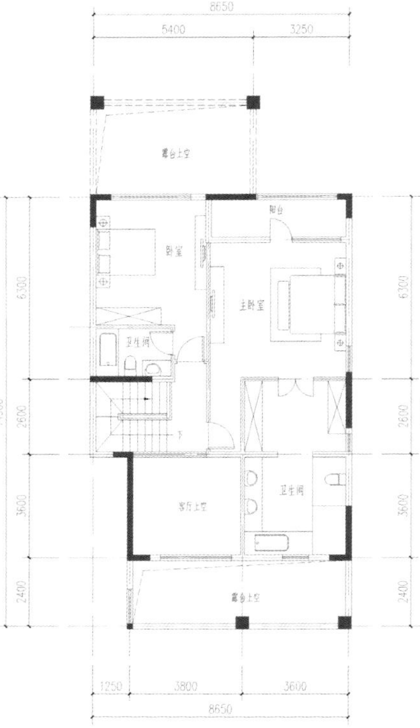

果岭海 C3-1 户型 270m² 叠墅上层平面图

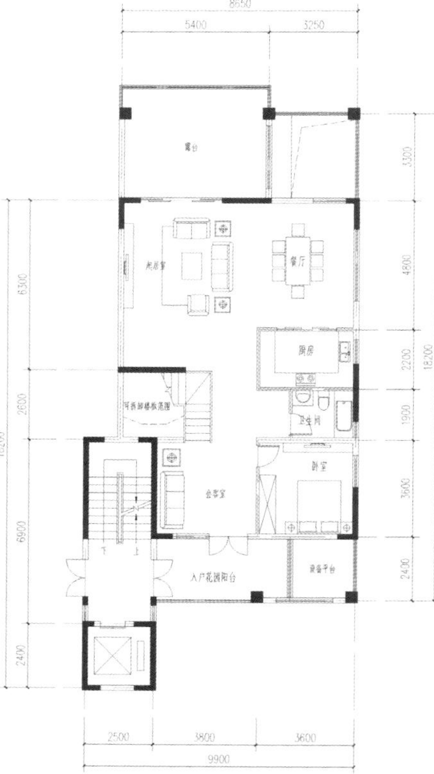

果岭海 C3-1 户型 270m² 叠墅上层平面图

万科棠樾

VANKE TANG YUE

东方式奢华的低密度现代居所

EAST STYLE LUXURY LOW DENSITY MODERN HOUSE

占地面积：660000 平方米
建筑面积：410000 平方米
容积率：0.60
绿化率：60%
开发商：深圳市万科房地产有限公司
建筑设计：天津华汇工程建筑设计有限公司
户 数：一期户数 124 户
项目特色：宜居生态地产、旅游地产
项目位置：深圳梅观高速大坪出口（观澜高尔夫球会旁）

Occupied Area: 660000m^2
Building Area: 410000m^2
Plot Ratio: 0.60
Greenery Ratio: 60%
Developer: Shenzhen Vanke Real Estate Co., Ltd.
Architectural Design: Tianjin Huahui Engineering Design Co., Ltd.
Number: First-phase Householders 124
Project Characteristics: Livable Ecological Real Estate, Tourist Real Estate
Project Location: Daping Exit Meiguan Highway Shenzhen(Nearby Guanlan Golf Club)

万科® 棠樾
万科®

▶

万科棠樾总占地约 660000m^2，是达千亩规模的别墅社区。万科棠樾四面均为山水田园。北面是仙女湖、大屏障森林公园和虾公岩水库；西面和南面是观澜高尔夫球会东莞球场和企洞水库；东面与绿地森林景观相邻。以东方美学编织东方山水，为城市文明赋予取之不尽的生活源泉。方圆一公里以内，有 13 个湖泊水库、14 座山岭、9 座岛屿环绕 ，原生自然非常丰富。一期规划总用地面积约 110000m^2，总建筑面积约 90000m^2，住宅面积约 30000m^2，容积率约 0.378，居住户数约 124 户。

从北方院落和徽派建筑风格中来的灵感的现代建筑；在立面设计上立足于建筑的整体性，比例的和谐统一，体量的错落有致，从意的层面去体现东方生活精髓；立面风格以传统灰砖为基调，以白色洞石为陪衬，并点缀青绿色木质和金属构件，勾勒出典雅传统中的现代韵味；追求素雅自然之美，强调自然材料的运用以及精致的立面细节把握，从而提升整体建筑的内在品质。

规划设计

以水为主题，社区建筑前水后街，相互围合，高低错落，井然有序，营造出步移景异、精彩无限的街道空间。吸收现代居住理念，完全的人车分流，各行其道，安全、舒适，

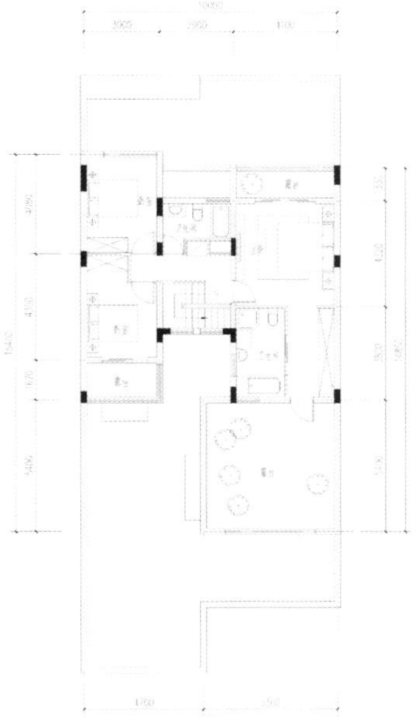

北入口户型 195m^2 一层平面图

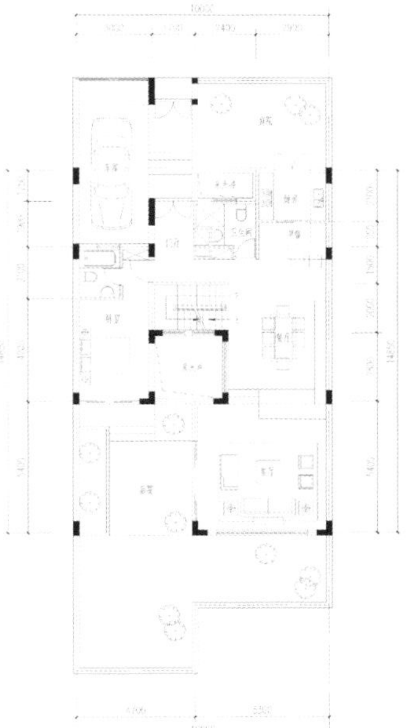

北入口户型 195m^2 二层平面图

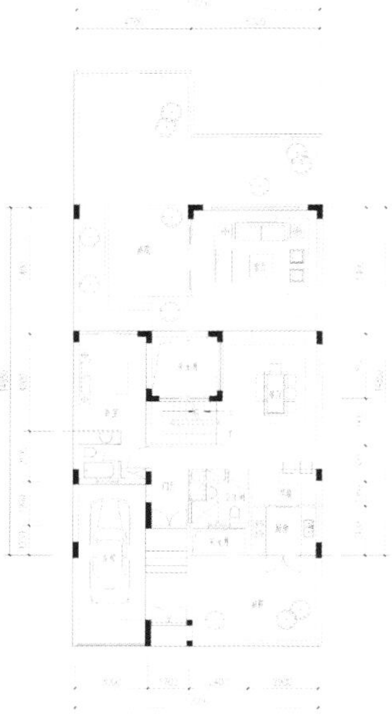

南入口户型 195m² 一层平面图

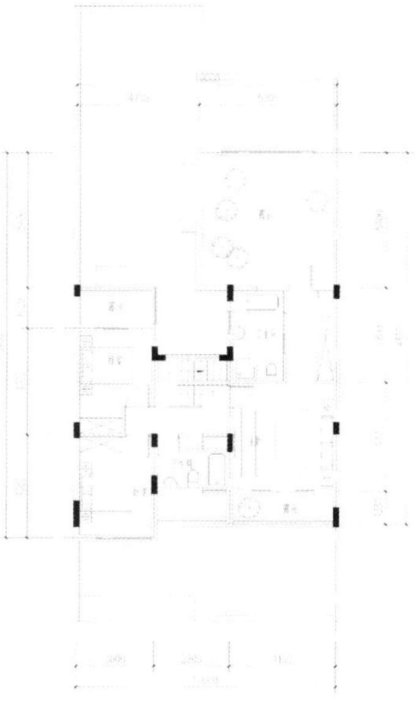

南入口户型 195m² 二层平面图

▶

不干扰组团内的生活。继承中国传统园林的意境与神韵，别墅与园林合而为一，创造具有传统人文精神和现代城市感的新中式园林。

建筑设计

通过3个“院落”巧妙组织建筑与外部空间，中院与后院围合感较强，展现私密、闲适的意境，前院为各自用景墙围合成的私家庭院，为住户构筑起一个开放、雅致的亲水空间。建筑临水一侧为3层，临街一侧为2层，在保持最多空间亲水，扩大街道尺度感的同时，形成了错落有致，富有情趣的建筑体块关系。外墙材料采用灰色无釉面砖，配以局部使用的铝合金格栅，使得这片“水边的灰房子”带有清新的自然气息和传统的中国风。

一期悦水庄，临水别墅以“营造一种东方式奢华为主的低密度现代东方的居住氛围”为设计核心，以水元素为主题，阐述东方居住美学中水的重要性，并运用中国文化特有的低调展现属于东方民族的奢华概念，创造了高品质的滨水别墅居住区。

充分依托景观河道资源。每户都能享有入户的前院、户内的中院和亲水的后院，以适宜的尺度与山水对话，同时传递出浓郁的现代东方韵味。在保证良好的采光通风和朝向的条件之下，同时获得较大的附设空间。纯联排别墅组团、罕有的临水别墅，三层立体式整体水系，人工河道，户户临水，厨房、餐厅、客厅临水一线，建筑面宽达到约12m，前、中、后三重院落，尽享天然山水，吸收现代居住理念，完全的人车分流，各行其道，安全、舒适，不干扰生活。停车入户，每户多个车位。

矣天寬地

万科金域华府

VANKE NEW ORIENTAL MANSION

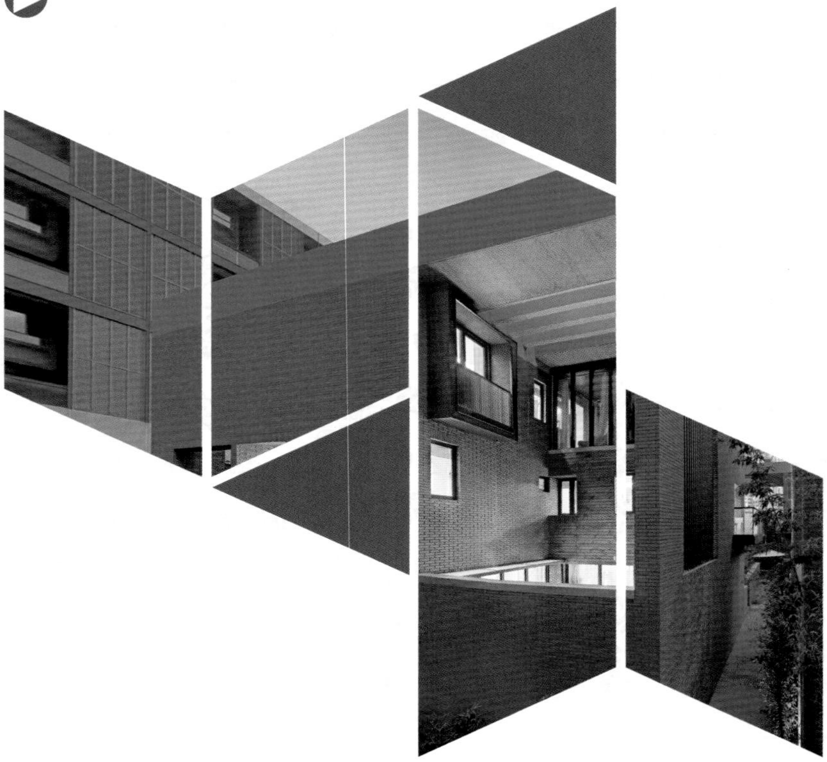

后 CBD 现代城市居住院落

LATER CBD MODERN CITY LIVING COURTYARD

占地面积：68300 平方米
建筑面积：188934 平方米
容积率：2.85
绿化率：38%
开发商：深圳市万科房地产开发有限公司
建筑设计：深圳市华汇设计有限公司
景观设计：SED 新西林景观国际
户 数：699 户
项目特色：现代院落别墅
项目位置：深圳宝安龙华新城金龙路与新区大道交汇处东北角

Occupied Area: 68300m^2
Building Area: 188934m^2
Plot Ratio: 2.85
Greenery Ratio: 38%
Developer: Shenzhen Vanke Real Estate Co., Ltd.
Architectural Design: Shenzhen Huahui Design Co., Ltd.
Landscape Design: Siteline Environment Design Ltd.
Number: 699
Project Characteristics: Modern Courtyard Villa
Project Location: Shenzhen Bao' an Longhua New City Jinlong Road and New District Street Cross Northeast

万科·金域华府
KING METROPOLIS

万科·金域华府

万科·金域华府

▶

万科金域华府位于龙华新城新区大道与金龙路交汇处，项目以合院别墅为主，部分联排别墅，四栋 30 层高层和两栋 31 层高层组成。别墅由三栋七合院和一栋六联排组成，独立组团私密化处理，类独栋，每户预留电梯位和单独的车行入口，尊贵升级。八栋建筑顺势布局，主体朝向东南、西南。建筑立面线条流畅，外观错落有致。经典的黑白灰立面。

设计特点

1. 近观——景观与园林

二十七栋城市别墅与园林动静相宜，入则可见景观泳池与宽大叠水平台相互辉映，配合多种名贵乔木，打造顶级园林社区。

2. 和邻——七户围合中庭大院，一院和邻

万科华府二十七墅采取七户围合的中庭大院进行设计，每个合院内都种植一棵成年乔木，辅以多样绿化区、儿童游戏区、老人木平台活动空间等，营造一个生活邻里互动区。

3. 独善—类独栋设计，墅墅拥享私密

万科华府通过矮围墙设计，配备私享入户花园、双车位车库和独立的车行交通系统，真正打造独门独栋的尊贵别墅。

合院半地下室平面图

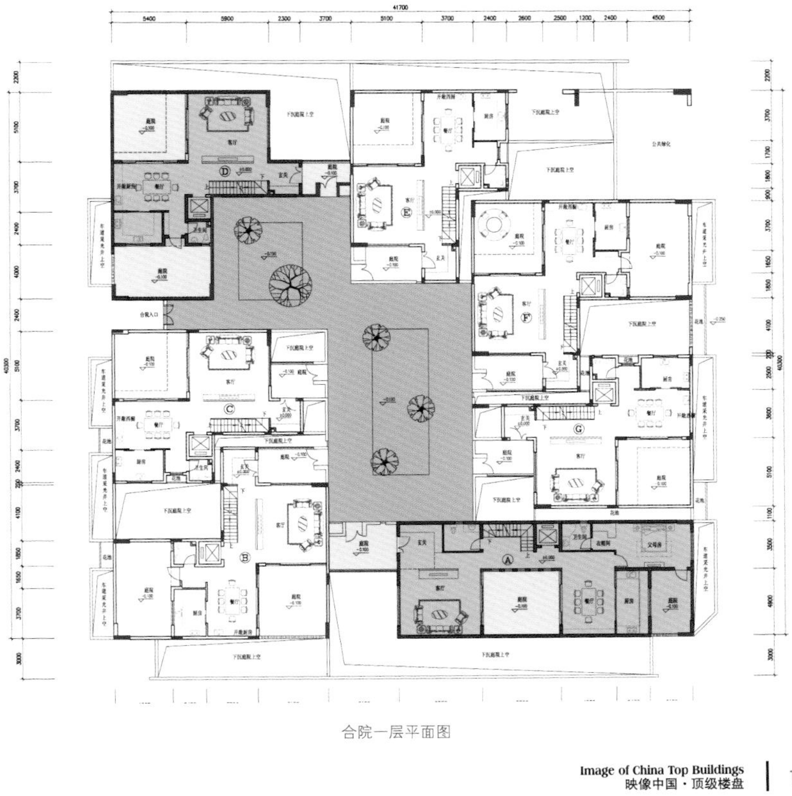

合院一层平面图

合院二层平面图

合院三层平面图

▶

4. 归真—多重庭院，独特意境

万科华府每户皆享的私家前、中、后三大庭院，演绎多重庭院闲雅富贵的意境生活。

5. 齐家—大尺度善变空间

万科华府不论在尺度开间、主人独立层大露台设计，都彰显出无与伦比的私密性、尺度感和尊崇感，超高使用率、多重庭院、多露台，创享私人空间。

景观设计以现代手法创造出别具风情的生态公园，表现为尊崇自然的风格，把地面留给自然，在地面连通植花种草，并在其间设置儿童游戏区、休闲交流空间区域。全架空设计能够更多地扩大绿化面积，将人文设施融入其中，令生活更具有情趣，视线更加通透，同时结合纯水域景观设计，令生活生机盎然。

景观设计采用建筑设计的高差进行园林布局，并引入循环水景营造多重景观体系。通过简练的装饰，让简洁的线条使空间洋溢出一派热烈的城市时尚艺术风情。抽象与秩序，简约与纯朴，项目将现代艺术融入社区的构成中，以自然的手法打造出充满现代气息的简约风尚。

连接市政路与小区的入口是一个极具通过感的围合空间—“瓮城”。步入“瓮城”，呈现在眼前的是简单的外墙、条形镂窗、井然有序的钢木格栅，设计者采用简洁、明快、风格化的手法，通过运用石材、墙面砖、钢、木、玻璃等材料，形成极具现代气息的景观造型，使景观与建筑相互渗透，很好地烘托了建筑本体。

广州万科城·明墅
VANKE TOWN MING VILLA, GUANGZHOU

半山人文居所、市区东方院墅
MID-LEVELS HUMAN HABITATION, DOWNTOWN EAST VILLA

占地面积：约 28000 平方米
建筑面积：约 17000 平方米
容积率：约 0.61
绿化率：56%
开发商：广州市万科房地产有限公司
户 数：50 户
项目特色：中式半山院墅
项目位置：广州萝岗区科学城开创大道北

Occupied Area: about 28000m^2
Building Area: about 17000m^2
Plot Ratio: about 0.61
Greenery Ratio: 56%
Developer: Guangzhou Vanke Real Estate Co., Ltd.
Number: 50
Project Characteristics: Chinese Style Mid-levels Villa
Project Location: North Kaichuang Avenue Science City
Luogang District, Guangzhou

▶

万科城位于广州科学城，万科城·明墅为万科城的最后压轴组团，项目风格上定义为原创城市美墅。设计基于反思现代居住模式而进行的产品创新，将久违的庭院生活融入现代建筑，为都市构筑独一无二的情感归属。这个全新组团，是长在坡地上的中式院墅，巷陌、高墙、深院、疏竹、石凳、天井、红木格栅……勾勒出万科城·明墅的东方意境。

庭院深深，万科城·明墅以现代解读东方

在空间设计上，采用"三进三层"的创新格局。每套院墅均设置有入口庭院、中院、后庭院及顶院4个院落。其中入口庭院为一进，为家庭内外的过渡空间，如放置雕塑、栽种植物等；中院则为二进，为家庭景观空间，可养花喂鱼，摆放石凳，共享天伦；后庭院属于三进，为家庭活动空间，可晒太阳喝茶、露餐等。如果从下往上看，后庭院为一层，属家庭交流活动空间；入口庭院和中院为二层，为家庭展示空间；顶院则为三层，为家庭与自然交流空间，可晒太阳、阅览等。

高墙、巷陌、天井、后院……，不加矫饰的灵性空间，有着自然流淌的东方神韵。三进庭院与宁静雅致的社区氛围相得益彰，进退错落的围墙，形成路径的转折与开合，营造出一个立体的、开阔的居住空间，并营造出庭院深深深几许的东方韵味。将喧嚣和浮华拒之门外，在这里尽享从容静雅的自在生活。

连廊设计 买一户用两栋

项目创新地在现代建筑整体格局之上引入天井、巷陌等传统中国元素，赋予素雅、洗练、质朴的东方禅意美感。秉承万科户型创新的一贯特点，万科城·明墅在户型上又有突破。50套院墅全部采用连廊式设计，通过连廊将两个建筑单体连接在一起，巧妙地实现"以一变二"，买一户用两栋。同时，此设计让一套院墅拥有"七度空间"，餐厅、客厅、主卧、客卧、露台等完全分区独立，最大限度的满足业主居住的舒适度和私密性。设计上采用多露台设计，增加业主观景以及接触自然空间，

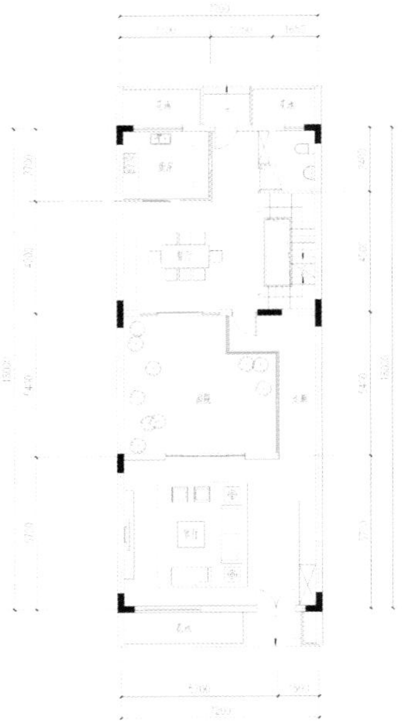

A 户型 230m² 一层平面图

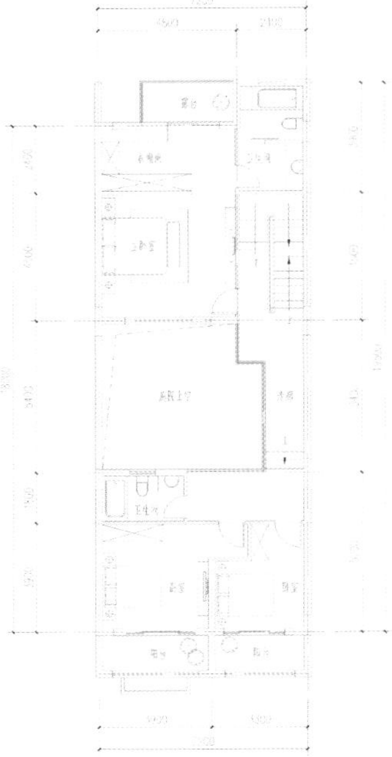

A 户型 230m² 二层平面图

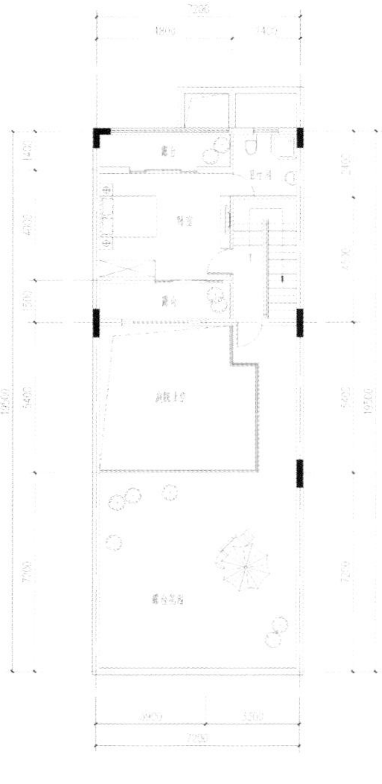

A 户型 230m² 三层平面图

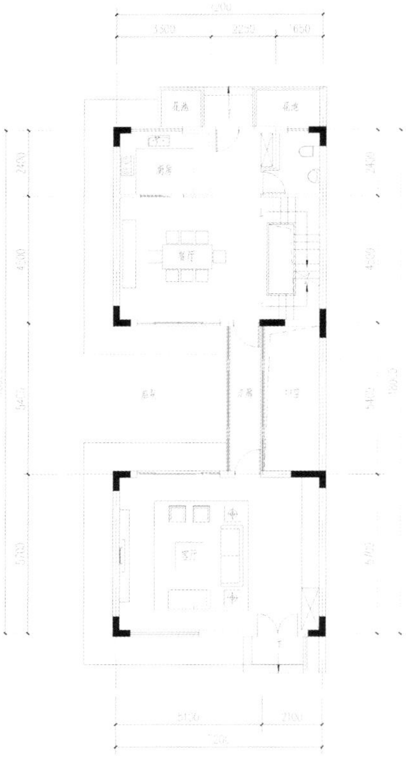

A 户型 230m^2 一层平面图

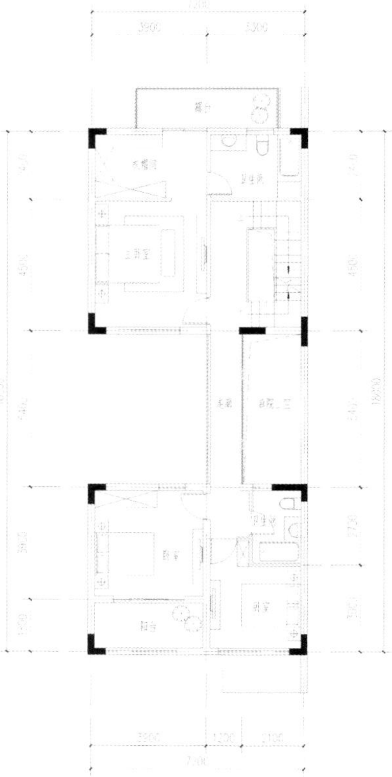

A 户型 230m^2 一层平面图

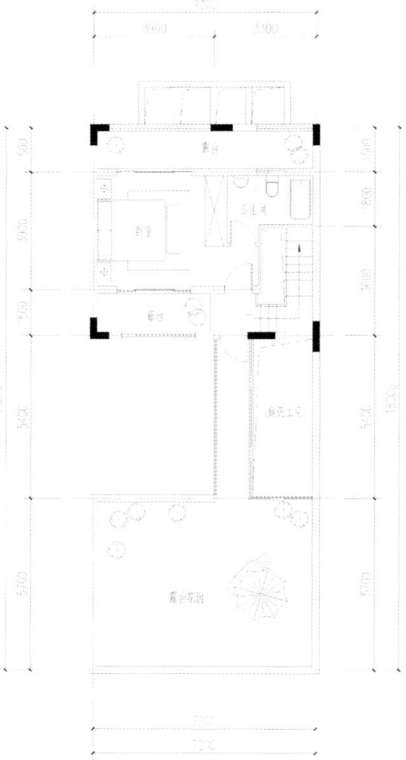

A 户型 230m^2 一层平面图

▶

其中三楼套房设计更是南北双露台，开阳通透。

人车分流 巷陌设计

园林中设计中展示了曲则有情的巷陌设计，幽幽巷陌，穿插在深红色的院墙之间，两边遍种竹、桂花等怡情植物，现场花香四溢，悠然恬静，仿佛勾起了童年在巷子里嬉戏的回忆。新组团全面采用了人车分流的创新设计，这在低密度联排住宅中为首创，而通过人车分流，营造出巷佰交错、庭院深深的居住感受。同时，人车分流也保护了园林的完整性，减少汽车尾气，保障了老人和孩子的居住安全。

售楼部设计别具一格，其是广州首个主题售楼部—“明茶馆”，现场以茶为文化核心：桌几屏风、茶香淡淡，背景音乐古朴典雅、丝丝入耳，再加上户外的竹林、石鼎、院墙，一片和美从容。

武汉万科金域华府·茂园

VANKE NEW ORIENTAL MANSION MAO GARDEN, WUHAN

城市中心，东方哲思人文社区
CITY CENTER, EAST PHILOSOPHY HUMANITY COMMUNITY

占地面积：59000 平方米
建筑面积：200000 平方米
容积率：3.20
绿化率：35%
开发商：武汉市万科房地产有限公司
建筑设计：深圳市华汇设计有限公司
户 数：1800 户
项目特色：生态人文住宅
项目位置：武昌友谊大道与才茂街交汇处

Occupied Area: 59000m^2
Building Area: 200000m^2
Plot Ratio: 3.20
Greenery Ratio: 35%
Developer: Wuhan Vanke Real Estate Co., Ltd.
Architectural Design: Shenzhen Huahui Design Co., Ltd.
Number: 1800
Project Characteristics: Ecological Humanity House
Project Location: Cross of Caimao Road and Youyi Avenue, Wuchang, Wuhan

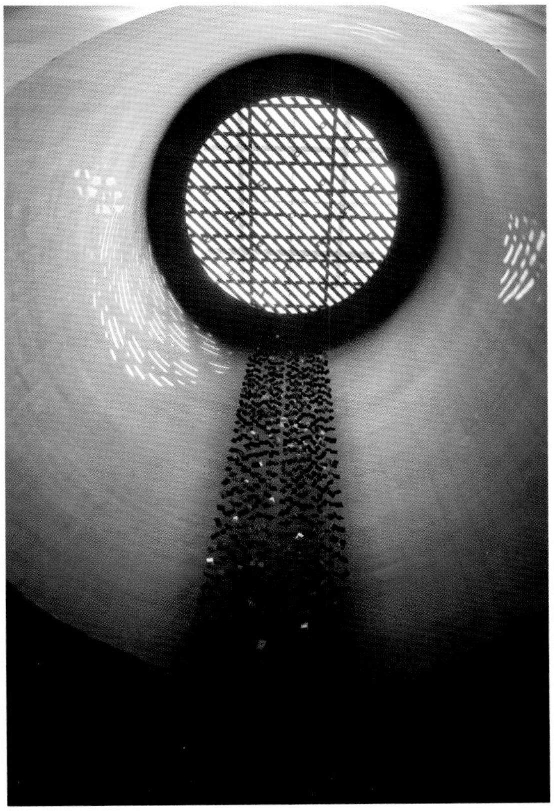

▶

万科金域华府紧邻城市内环徐东商圈，友谊大道与才茂街交汇处，武钢新总部大楼正对面，是继“润园”之后，万科在武昌打造的又一品牌力作。

定位：城市中心，综合型生态、人文生活区

构成：文化园林＋品质住宅，根植历史遗存之上，用世界建筑的手法与技术，演绎东方哲思创意文化园林。

历史遗存：地块前身为“原武汉建筑构建二厂”，始建于 1958 年。经过精细的勘察定位与多轮的设计研究，最终确定将项目中工业遗存相对集中的约 9000m^2 用地划定为“保护特区”（约为项目用地面积的 1/6），在最大限度保护该区域内包括斜片墙、双筒仓、搅拌工房在内的各种工业遗存物的同时，更将非保护区范围内的旧厂房龙骨架整体搬迁移入，进一步增加了整个“保护特区”的历史感与代表性。

在这块土地上，万科将用建筑领域最先进的设计理念与技术手段，演绎富含东方哲思的创意文化园林。

世界新意

对历史的尊重，对环境的保护，是目前世界建筑学界探索与强调的重点方向；规划上，借鉴了许多世界建筑学界通行的经典原理与原则；选材上，大量采用混凝土、

万科金域华府

▶

玻璃、锈钢板等明显带有世界建筑符号的材质；手法上，致敬世界建筑大师路易斯·康，尊重自然，尊重材质，用“上帝材质”创造不平凡的建筑奇观；多处室内空间的改造与装修，灵感来源于不同地域的世界建筑文化，如教堂、民居等。

凝韵东方：3 大东方文化根基：和风 + 禅韵 + 中式园林；3 条设计线索：景观 + 材质 + 情绪；12 处（情 + 景）节点：廊、门、涌、径、拱、宇、池、院、阁、栈、榭、林。

品质住宅

规划：“园”隐“府”中，相“协”相“生”

景观：归家序列，高层建筑形态下的园林居住感受。

高端别墅大宅、至尊风情景观

High-Class Apartment With Extremely Fantastic View

广州万科城

VANKE TOWN, GUANGZHOU

原生态纯山地国际现代社区

INDIGENOUS FORMS MOUNTAIN INTERNATIONAL MODERN DISTRICT

占地面积：220000 平方米
建筑面积：150000 平方米
容积率：0.70
绿化率：35.20%
开发商：广州市万科房地产有限公司
建筑设计：许李严建筑师有限公司 / 广东省设计院深圳分院
景观设计：香港 ACLA 景观设计公司
户 数：900 户
项目特色：特色别墅、花园洋房
建筑类别：独立别墅、联排别墅、情景洋房
项目位置：广州科学城开创大道 3326 号

Occupied Area: 220000m^2
Building Area: 150000m^2
Plot Ratio: 0.70
Greenery Ratio: 35.20%
Developer: Guangzhou Vanke Real Estate Co., Ltd.
Architectural Design: ROCCO Design Architects Limited/ The Architectural Design & Research Institute of Guangdong Province Branch of Shenzhen
Landscape Design: HK ACLA Landscape Design Company
Number: 900
Project Characteristics: Special Villa, Garden House
Building Category: Villa, Townhouse, Teyisihouse
Project Location: No. 3326 Kaichuang Avenue, Science City, Guangzhou

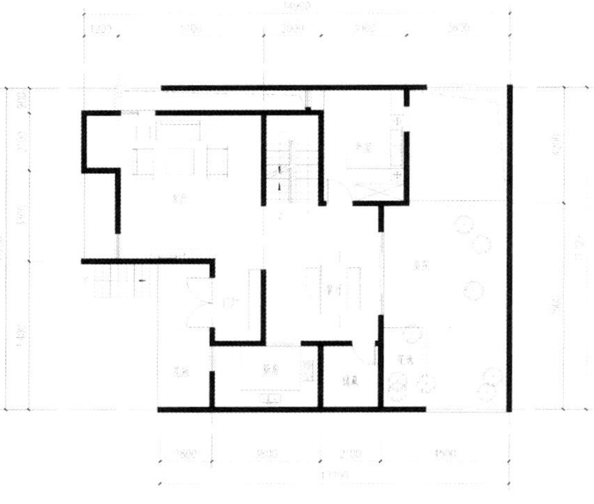

T1 户型 A 入户层平面图

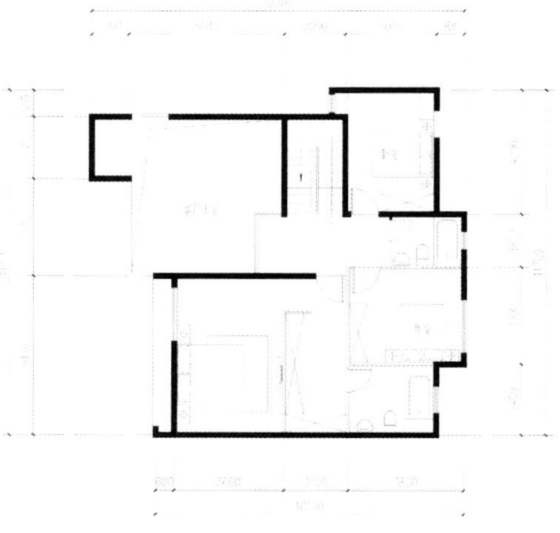

T1 户型 A 二层平面图

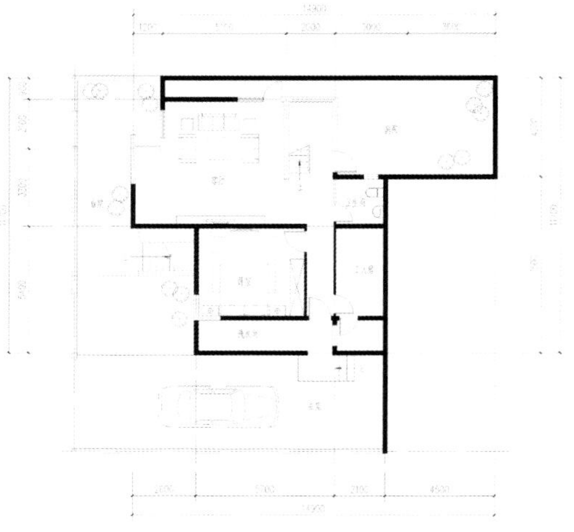

T1 户型 A 多功能层平面图

▶

广州万科城，总占地面积约为 220000m^2，位于广州东部新兴的豪宅板块，科学城北部，开创大道北与广汕路交界处；地块原为华侨农场所在地，故项目现场保留多种珍惜树种，尤以 70 余棵过百年历史的荔枝树为特别珍贵。项目依山而建，环境优美，视野开阔，独享清闲与雅致。万科城总体分三期开发。

广州万科城在整体布局上，依托自然山体走势，让建筑和山体之间自然形成回循空间。软化的处理手法让建筑的形体色彩与自然相得益彰。另外在项目用地内保留了数百棵百年原生树木，真正做到建筑与自然、生活的完美融合。世界级的住宅精品与原生态的居住理念，不仅代表了城市居住风格的趋向，更创造了一种新型的居住模式。

万科城作为位于广州万科城区域内的纯山地国际社区，从建筑与城市的关系、生态与居住的关系出发，其产品包括优尚 House、趋优 House、情景 House 和少量的小高层精品公寓，为居者提供了一种充满情趣、想象力、理想与激情生活的空间平台，一种平衡城市生活的居住模式。

建筑设计上呈现的是典型的现代主义建筑美学：无屋檐的设计、简单的外墙、水准条窗。条形的木质外墙可以视为另一种意义上的木的再生。全方位的玻璃是设计的脸孔，玻璃有着锐利的性格，老树有着刚劲的品质，但婉约茂密的树叶与这些刚性的元素融合为一体，泳池的活水从大树的根下淙淙流出，这正是东方禅的意境。

▶

在居住形态上，万科城的 V–HOUSE 建筑让横纵坐标交汇。在户型设计上，V–HOUSE 把局部建筑空间的细节布置作为每个有生活价值的点去考虑，如层层退台、阳光地下室等创意设计，使空间的延伸性和可能性被激发出来。为了保证室内能形成穿堂风的通风效果，建筑师采用了冷巷、天井等设计并严格控制窗墙比。另外，大部分户型均设有大进深阳台、露台、多层空间花园及阳光室，室内外连贯相通，为风留出了空间，可以减少空调的使用，增加了与自然的亲密接触。在建筑材料的选取上，万科城采用了中水处理系统、太阳能照明灯、人工湿地等环保型材料，不但符合绿色未来的居住潮流，同时，也为居住在其中的人节约了居住成本。

在景观设计中，树木在屋外，又在屋内。中庭围绕的巨树，让人惊讶老树至今仍旧生气勃勃，枝叶繁茂，果实累累。作为静思、创作空间的画室，山在暗处，屋子跳出来在明处，设计以明亮的全玻璃屋风格，居者于此独善其身。

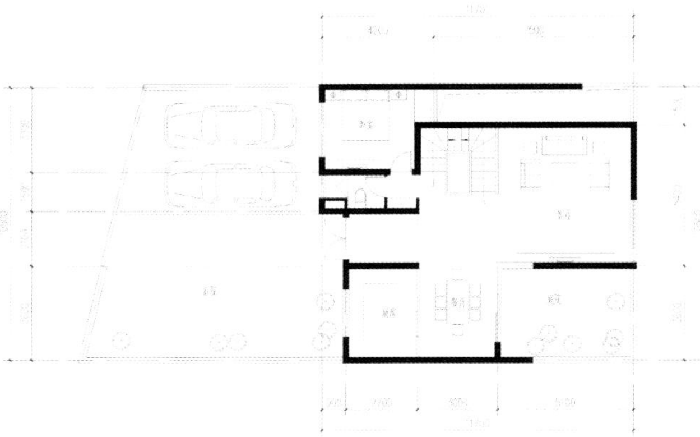

T4 户型入户层平面图

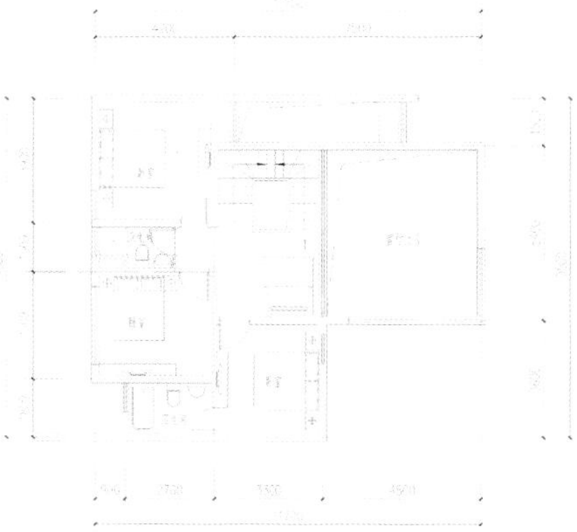

T4 户型二层平面图

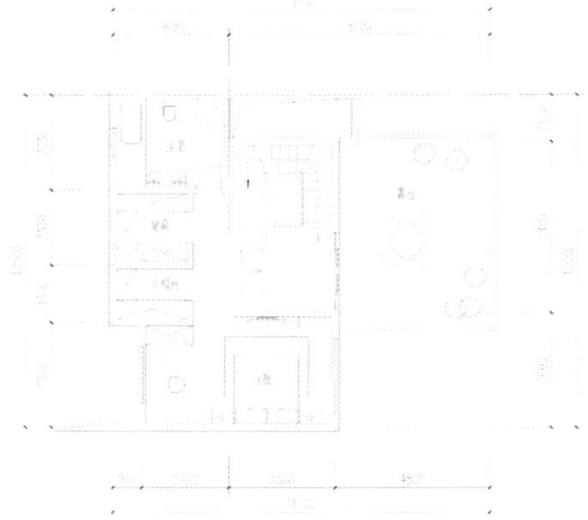

T4 户型三层平面图

从山里长出来的房子
DREAM TOWN
万科城
Dream town
纯山地国际社区

深圳东部华侨城·天麓

EAST CHINESE CITY TIANLU, SHENZHEN

原生态景观现代山海别墅
ECOLOGICAL LANDSCAPE MODERN MOUNTAIN SEA VILLA

占地面积：8.25 平方公里
总规划面积：6.55 平方公里
开发商：深圳东部华侨城有限公司
项目特色：山海别墅
项目位置：深圳盐田区大梅沙生态旅游区

Occupied Area: 8.25km^2
Total Planning Area: 6.55km^2
Developer: Shenzhen East Chinese City Co., Ltd.
Project Characteristics: Mountain Sea Villa
Project Location: Dameisha Ecological Tourist Area, Yantian District, Shenzhen

▶

由华侨城集团投资 35 亿元人民币精心打造的东部华侨城，坐落于中国深圳大梅沙，项目总占地面积 8.25km^2，总规划面积 6.55km^2，是以“让都市人回归自然”为宗旨、以文化旅游为特色的“国家生态旅游示范区”。坚守“让都市人回归自然”的开发宗旨，东部华侨城在山海间巧妙规划了大侠谷、茶溪谷、云海谷三大主题区域，集生态动感、休闲度假、户外运动等多项文化旅游功能于一体，体现了人与自然的和谐共处。

东部华侨城地产项目——天麓，依托主题生态公园，是有别于传统物业的低密度山海大宅，价值连城，以“平方公里”为价值单位，建构于东部华侨城 9km^2 之上。幕天席地，天工开物，东部华侨城·天麓执首中国山海大宅。

世界殿堂级建筑大师、“白色派”建筑的代表人物理查德·迈耶将为东部华侨城别墅 1 号地块设计一组由五栋房子构成的顶级海景别墅群体（组团），这是迈耶在中国的首次创作，这组别墅不仅仅是一组高尚住宅，他将作为中国建筑设计界学习借鉴的样板而永远矗立在深圳东部海滨。整个东部华侨城别墅都秉承着成就建筑艺术的思想，邀请亚太地区、乃至世界著名建筑事务所进行设计。除了迈耶外，新加坡 SCDA、加拿大 ALD、香港许李严等全球顶尖公司原版演绎。天麓带给中国建筑界、地产界或设计界绝不仅仅是物化的建筑物，更是建筑艺术和优质生活的典范之作。天麓分为几个区，分布在东部华侨城不同区域。

东部华侨城·天麓一区

简雅开放 场所精神

一期包括两个部分，一部分是新加坡设计师设计的 21 栋别墅，总建筑面积 8210m^2，容积率 0.08，户型面积 228-568m^2，另外一部分是 5 栋别墅，由 Richard Meier 理查德·迈耶先生设计。山间规划有别墅，1 号地块别墅 22 幢独立别墅坐落于大峡谷景区东侧陡峭的山脊和山谷绿化带间的坡地上，绵延起伏的山峦、郁郁葱葱的植被、壮阔的海景都是 1 号地块的优美自然景观。

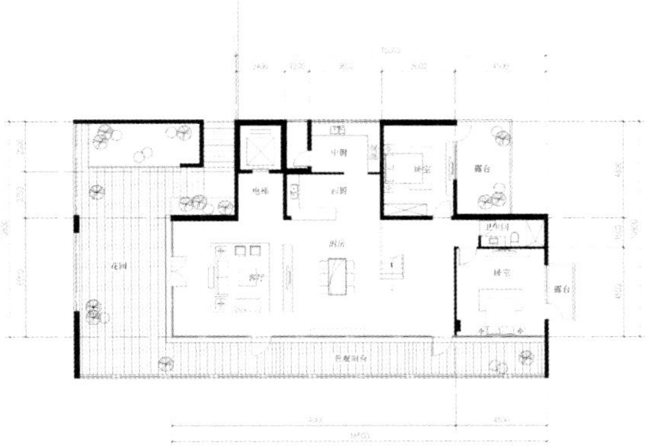

17 栋一层平面图

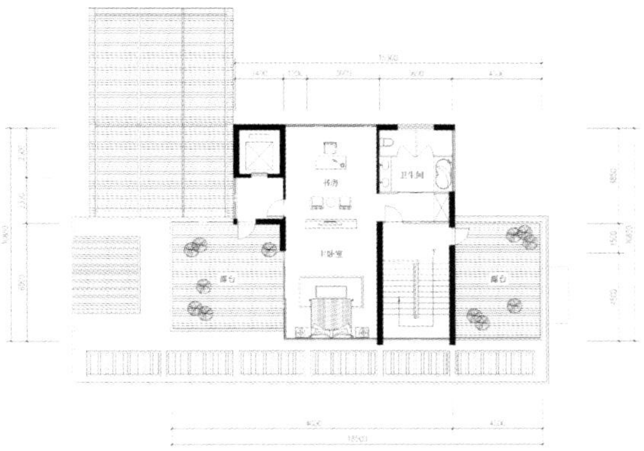

17 栋二层平面图

▶

在天麓设计中，藉由当地环境与气候上的差异性来寻求“场所精神”，使用空间、光线、结构的秩序来传达静谧的氛围，再融入现代西方文化，在功能上进行改良，使设计更加适合现代人的生活方式。

天麓通过空间和隐形的解决方案，来解决在建筑设计传统中经常忽略的设计问题，突破了形式上的概念和视觉上的再现。设计的灵感全部来源于周围文化和环境的点点滴滴，并整合了自然风景和建筑空间，将室内和室外融为一体。建筑的空间感往往体现在葱翠的高原、水池和中庭上，从而营造出所有元素的完美结合。

东部华侨城・天麓二区

原生山地建筑　自然本色

根据用地山势特征组织建筑布局，建筑群体依山而建，随山起伏，体现原生的山地建筑自然之美。同时根据地势坡度差异，合理安排户型，最大限度保护山地资源，减少水土流失及不必要的浪费。住宅组群的规划充分利用基地本身沿山登高线迂回弯曲的地形及由高而下的天然山势，以高低错落有序的几何形体组合创作出一个富有现代感的山地建筑群。

整体项目为现代风格，以简洁的大面积相同材质的“箱体”为主要元素，突出其质朴而轻盈，融于山林之间，回归自然追求本色的内涵。

相关经济技术指标

占地面积：约 90145m^2；建筑面积：约 16900m^2；容积率：0.18；建筑覆盖率：9.49%；栋数：44 栋；户型面积：250-680m^2；建筑层数：2-3 层；停车位：88 个。

东部华侨城・天麓三区

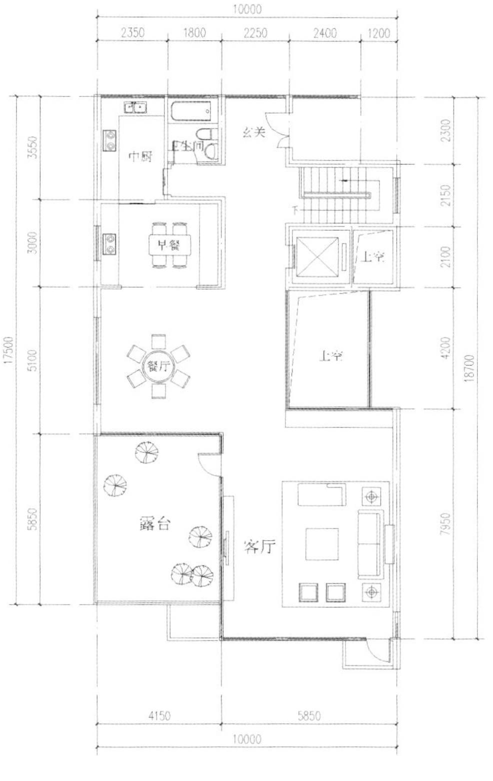

2 区 1D 户型 313m² 一层平面图

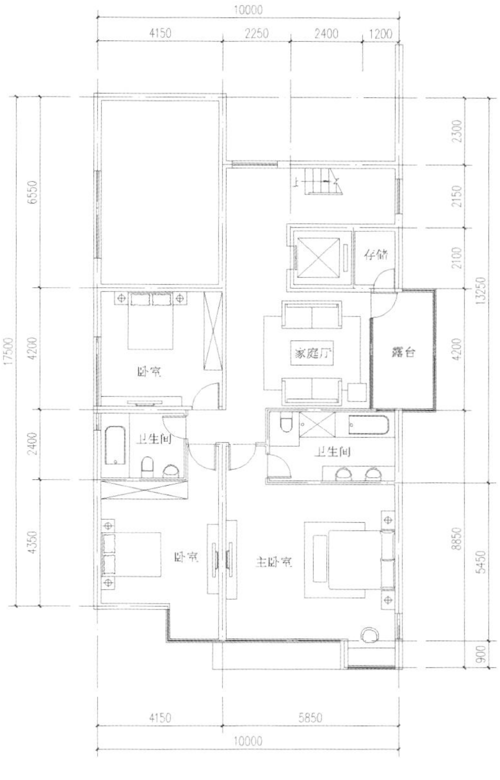

2 区 1D 户型 313m² 二层平面图

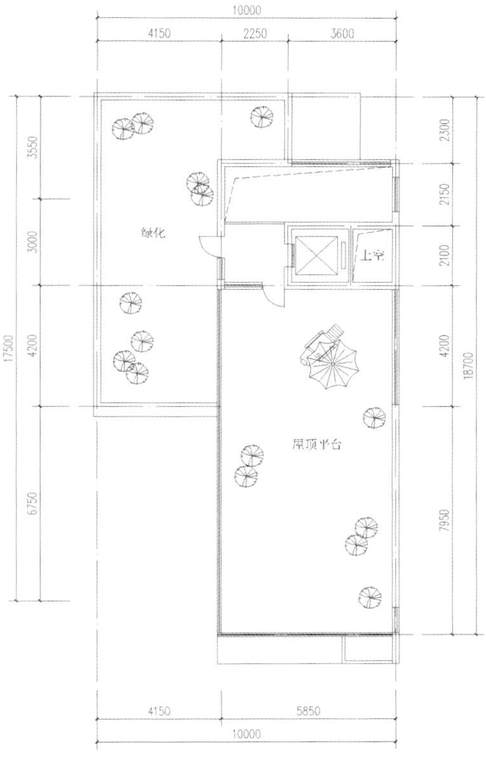

2 区 1D 户型 313m² 顶层平面图

▶

东部华侨城·天麓三区分 9 号地莱茵堡与 3 号地莱茵小镇，总建面共 50000m^2 以上，产品类型非常丰富，类似于天麓六区，包括了：洋房、叠拼、双拼、独栋等物业类型，其中 51 套 200m^2 左右叠拼别墅。为德国城堡式建筑风格，秉承欧洲建筑工艺，展现德国艺术风情，感受德国小镇风情，建成深圳唯一的城堡。

莱茵庄园项目位于盐田区大梅沙，宗地号 J402-0133，用地面积 193830.53m^2，允许建筑面积 39972m^2，其中住宅 31660m^2，低密度住宅 8312m^2。

东部华侨城·天麓六区

茵特拉根·天麓街区位于大侠谷、云海谷、茶溪谷三大景区交界处，包括双拼别墅、叠拼别墅和多层洋房，总共 126 套 188-305m^2 的双拼、叠拼和洋房，还有配套的商业街同时面市。此街区以“瑞士山水风情小镇”为主题，设计建造了功能多样的景点，如商业街区、湖畔别墅区、生态瀑布区、山顶休闲区、湖畔生态观光带、玫瑰广场等，同时结合东部华侨城景区内的山、湖、建筑、人文等元素，让住宅与生态旅游景区融为一体，是东部华侨城内的核心景区。

项目用地面积 123938.7m^2，建筑面积 38809.947m^2，产品为 200-250m^2 洋房，190-260m^2 叠拼别墅，260-300m^2 双拼别墅。

相关经济技术指标

用地面积：123938.7m^2；总建筑面积：38809.947m^2；其中住宅建筑面积：31319.887m^2；地下建筑面积：7490.06m^2；道路广场面积：18877.68m^2；绿化面积：92090.584m^2，建筑容积率：0.257，建筑覆盖率：10.465%，绿地率：74.303%，总户数：126 户，停车单位：247 个（地上 128 个、地下 119 个）。

东部华侨城·天麓七区

天麓七区位于云海谷体育公园内，依山傍水，绵延起伏的山峦、宁静的湖面、绿色的高尔夫球场构成了稀缺独特的优美自然风景。

整个小区将北美山地小镇风格进行全新演绎，住宅之间、体量及造型都有严格要求，使之与山水环境融洽协调。整个园区的规划上采取回转序排布局，使建筑曲线与山体的曲线相吻合，避免了与山际线的视觉冲突，体现环境价值的最大化。

东部华侨城天麓七区共 44 栋别墅，13 栋是 160 多 m^2 的双拼别墅，4 栋是超 1100m^2 的楼王别墅，其余都为 200-3000 多 m^2 的独栋别墅。

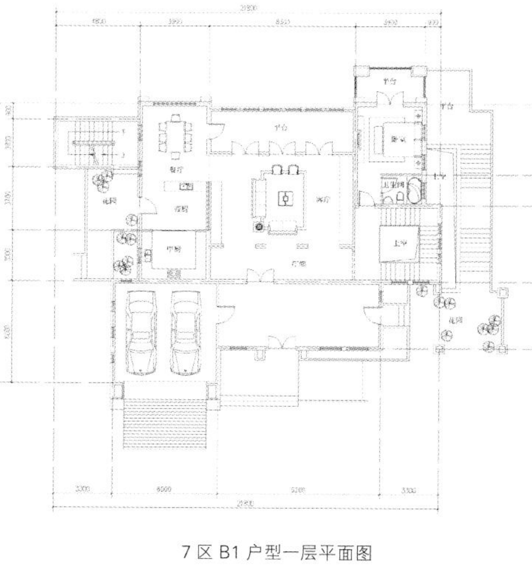

7 区 B1 户型一层平面图

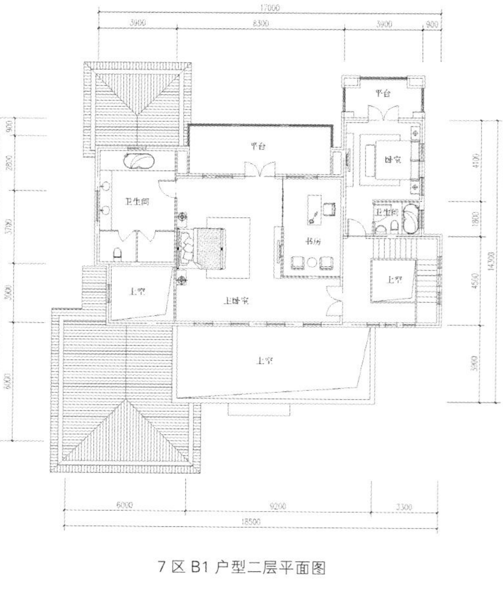

7 区 B1 户型二层平面图

▶

相关经济技术指标

占地面积：139790.74m²；总建筑面积：17600m²；其中住宅建筑面积：17400m²；建筑容积率：≤0.13；建筑覆盖率：15%；绿地率：80%；总户数：56户；户型面积：188–1100m²；停车单位：80。

东部华侨城·天麓八区

天麓八区88席北欧风情山海别墅，270–350m²居者空间。

天麓八区所在位置为正中央，两山为椅、大海为案，中间为川，风水独绝，无疑是整个天麓系产品中最优越的。从产品角度看，八区沿山脊带状分布，自然规划，浑若天成，户户海景、互不遮挡，私密性好，建筑面积多为300m²以上，高实用率让整个院落的名门风范显露无疑。

天麓八区总占地面积128324.77m²，总建筑面积16145m²，容积率仅0.12，71.5%的超高绿化率。约44栋山海大宅如珍珠般镶嵌在山林之中，建筑与自然融为一体，仿佛自然生长而成。建筑精雕细琢，精益求精，欧式风情韵味十足。主要户型有A、B、C三种，户型大气阔绰。面积274–355m²，赠送面积1比2，花园面积600–1000m²。

相关经济技术指标

用地面积：128324.77m²；总建筑面积：16145m²；计入容积率面积：16000m²；其中住宅面积：16000m²；不计入容积率面积：145m²；容积率：0.12；总建筑密度：6.3%；绿化覆盖率：71.5%；总户数：90套；停车位：地上90个。

东部华侨城·天麓九区

天麓九区是一个处在狭长山谷之中的中式院落别墅生活区，仅有9栋260–270m²的别墅，倍显珍稀。同时，此别墅采用创新型的合院设计，9栋别墅分三排错落式展开，而每一组团的3栋别墅也按照同样的方式错落，形成小的合院，在保证住户私密性的同时提供了邻里交流的空间。

高端别墅大宅、至尊风情景观

High-Class Apartment With Extremely Fantastic View

广州保利·香雪山

POLY THE CIRCLE PURSUIT OF PERFECTION, GUANGZHOU

新中心、原生态、现代城市豪宅

NEW CENTER, INDIGENOUS FORMS, MODERN CITY MANSION

占地面积：224100 平方米
建筑面积：226700 平方米
容积率：1.00
绿化率：35%
开发商：保利房地产（集团）股份有限公司
建筑设计：广州瀚华建筑设计有限公司
户 数：1200 户
项目特色：特色别墅、花园洋房
建筑类别：纯双拼类别墅、洋房
项目位置：萝岗萝岗区广州科学城开创大道以北，水西环路以东

Occupied Area: 224100 m^2
Building Area: 226700 m^2
Plot Ratio: 1.00
Greenery Ratio: 35%
Developer: Poly Real Estate (Group) Co., Ltd.
Architectural Design: Guangzhou Hanhua Architects Engineers Ltd.
Number: 1200
Project Characteristics: Special Villa, Garden House
Project Types: Semi-detached Houses, House
Project Location: East of Shuixihuan Road, and North of Kaichuang Avenue, Guangzhou Science City, Luogang District, Luogang

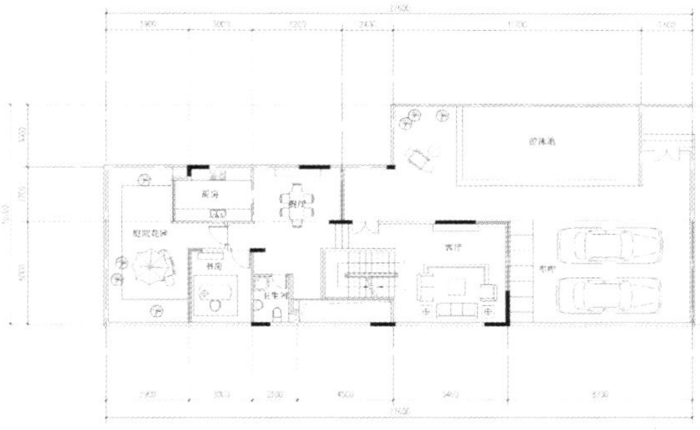

首层平面图

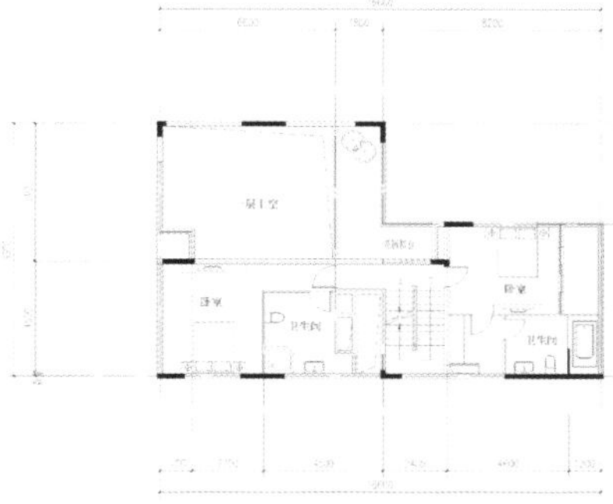

二层平面图

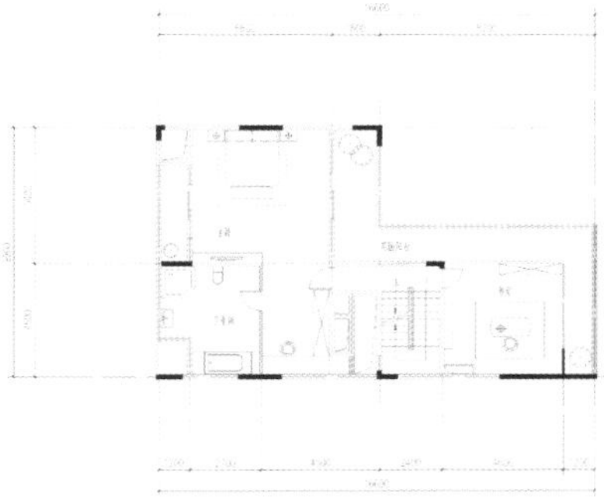

三层平面图

该项目位于广州科学城开创大道以北，水西环路以东，总占地面积 224100m²。西侧东面紧邻已规划的萝岗区文化休闲区，东北面是兴建中的萝岗区政府行政中心和正在规划建设的市民公园及酒店会议中心，未来地铁 4 号线经过本区，地理位置十分优越。与新建成投入使用的广州市二中（省级示范性高中）一路之隔。

保利·香雪山定位为“新中心·原生态·城市别墅”豪宅，未来城市中心低密度生态国际化社区，坐拥自然生态美景与未来城市繁华。产品设计上提倡“简约的时尚”、强调线条的干净明朗与色彩的纯粹分明，项目将以双拼别墅和中高端洋房为主。项目北区打造成一个私密高贵的纯双拼别墅社区，南区定位于毗邻山顶公园的风景美学洋房社区，保利香雪山别墅北区为面积集中在 250–350m² 之间纯双拼类独栋别墅，主力户型为 280m²，附送 130–300m² 立体围合式私家花园，80–150m² 的阳光私家会所层、室内私家双车位；南区都是 125–175m² 的板式风景美学洋房。项目的东面还有建筑面约 10000m² 的超大豪华会所服务区，上有酒店式公寓，下有超大型下沉的泳池，体块搭接、动静相宜，给人以一种强烈的空间感。近 5000m² 的风情商业街内拥有银行、咖啡厅、便利店、超市、书店等配套，零距离享受尊贵生活一切所需。

香雪山在规划与建筑中融合了大量人性化设计与居住自主创新手法。时尚简约的“减法”设计，在设计美观上采用了更加简约纯粹的黑白灰国际化风格，同时增加了空间的实用性与居住的

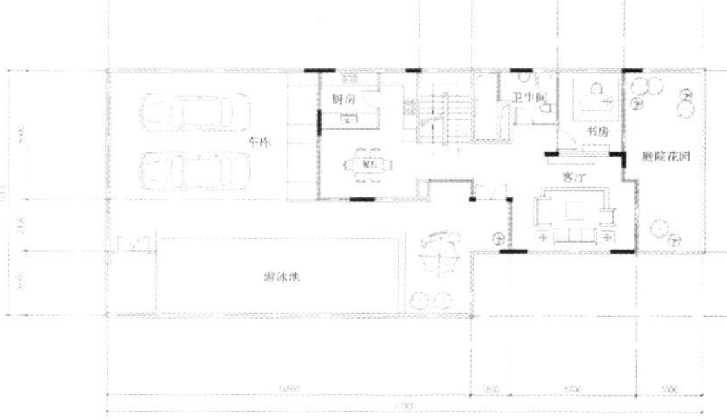

一层平面图

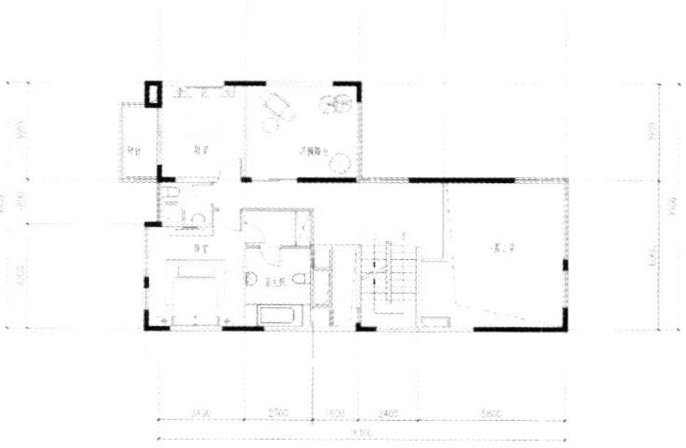

二层平面图

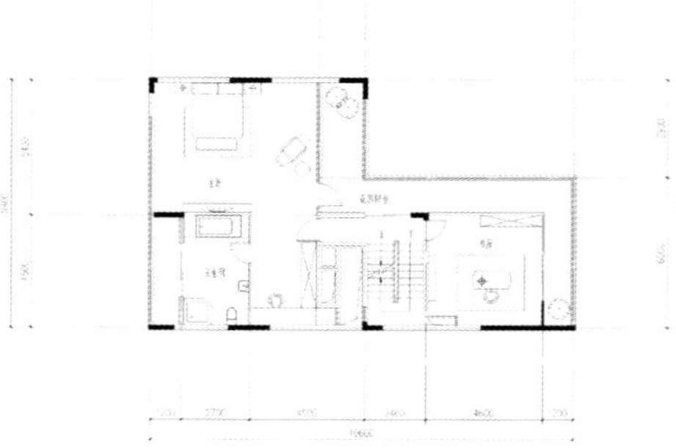

三层平面图

▶

私密性。在社区规划方面，“香雪河谷公园”和“香雪山地公园”突出别墅区和洋房区的设计主题，加上尽端环路设计、人车分流设计等，更是在住户的尊贵性和私享性方面考虑得面面俱到。在产品设计方面，保利地产更是呕心沥血，倾力打造，别墅均是南北对流，三面采光，通风日照充足；接近 100m^2 的大采光地下室，功能设计十分丰富；首层设私人泳池并首创 L 型前后庭院、侧花园、双车库加上三套房和超大阳台设计充分体现主任的尊贵感。洋房均是一梯两户，南北对流，采光通风极佳；户户入户花园及超大空中庭院设计；各房间均设超大飘窗台；超宽阳台，可设计 N+1 房，多种重组，实用率高；餐厅三面采光通风。

规划设计

项目北区意欲打造成一个私密高贵的纯双拼别墅社区，南区定位为毗邻山顶公园的风景美学洋房社区，整体上主张建筑、园林与人的和谐共生。而南北两区精心设计的“香雪河谷公园”和“香雪山地公园”依托河流与山体，勾画出自然原生的优良景观。

▶

建筑设计

保利・香雪山的建筑色调以黑、白、灰为主，局部采用石材，表现独特的现代建筑风采，整体上以时尚简约的风格体现建筑的张力。独特创新的“减法设计”建筑手法实用内敛，向内挖掏空间，使建筑的整体视觉感更加完美。首创“L”形庭院设计，别墅的首层呈L型排布，拥有270°的超大景观面。洋房根据坡地的落差采用双首层设计，大开间、短进深、超大开窗及超宽视野的设计增大了空间感。

景观设计

北部别墅区—香雪河谷公园，沿一条动态中央水轴由南至北通过地势的高差起伏创造自然的生态水景，蜿蜒深入各分支组团。南部洋房区—香雪山地公园，以山体为主并辅以水系，建筑布局则由南至北依山就势，以山活水。

保利・香雪山立于城市发展的前沿中心，零距离市政百亿配套与亚运引擎之力，将再次开启广州阔别已久的城市别墅消费。保利・香雪山是保利地产集团十五年来人居体验的升级产品，是保利地产重点打造的标杆性品牌项目。

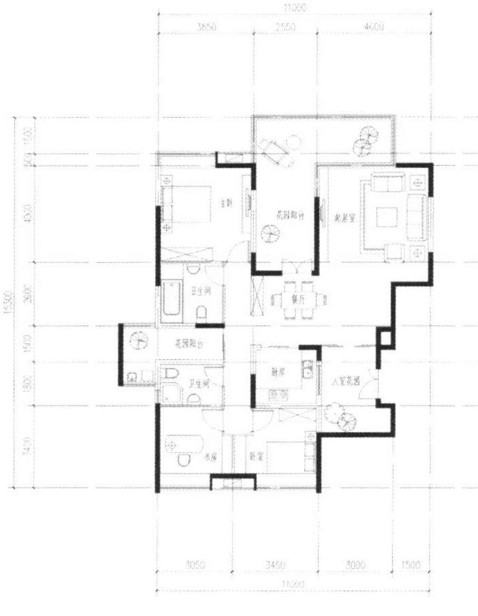

花园洋房 140m² 平面图

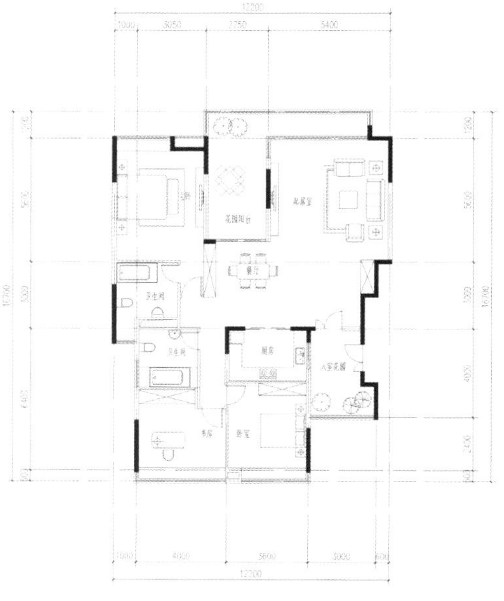

花园洋房 125m² 平面图

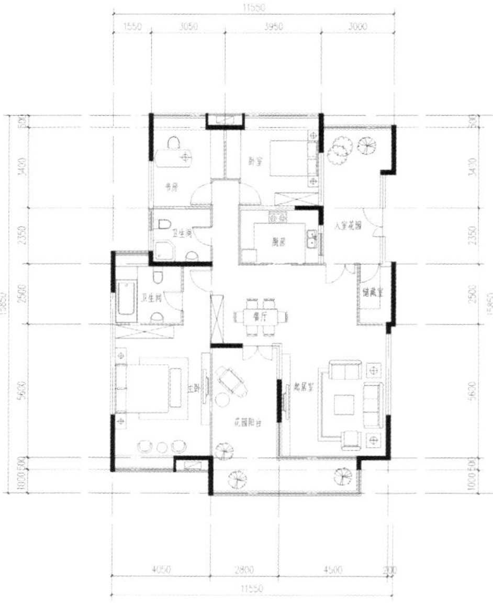

花园洋房 155m² 平面图

深圳星河时代花园

XINGHE CENTURY GARDEN, SHENZHEN

低密度新都会综合体
LOW DENSITY MULTI BUILDING

占地面积：159236 平方米
建筑面积：468090 平方米
容积率：1.69
绿化率：36%
开发商：深圳市星河房地产开发有限公司
建筑设计：香港华艺（深圳）设计有限公司
景观设计：香港 ACLA 景观设计有限公司
户数：1618 户（其中高层 1445 户、多层 173 户）
项目特色：低密居所、科技住宅
建筑类别：板楼、低层、高层
项目位置：深圳龙岗黄阁南路与深惠路交汇处北角

Occupied Area: 159236m^2
Building Area: 468090m^2
Plot Ratio: 1.69
Greenery Ratio: 36%
Developer: Shenzhen Xinghe Real Estate Development Co., Ltd.
Architectural Design: Hongkong Huayi Designing Consultants(Shenzhen) Co., Ltd.
Landscape Design: HK ACLA Landscape Design Company
Number: 1618 (High-rise Building 1445, Multi-storey 173)
Project Characteristics: Low Fensity Living District, Technology Resident
Building Category: Slab Floor, Low Building, High-rise Building
Project Location: Shenzhen Longgang South Huangge Road and Shenhui Road Cross North Side

星河時代
6666

项目概述

都会综合体，高端生活全案

星河时代花园，星河地产集专业商业运营及城市豪宅打造经验，倾力打造。星河时代总建筑面积 460000m^2，由 10 栋高层、28 栋多层、17 栋 4 层叠墅、11 栋 5-6 层住宅组成，总户数 1618 户。占据深圳东中心城与大运新城的双核心位置，三条地铁交汇，国际级资源自然汇聚。将成为片区内唯一集别墅、高层住宅、大型商业 Mall、学校于一体的高端生活大社区。项目拥有六星级星河丽思卡尔顿酒店物业管理服务，别墅传承国家专利产品创新打造，高层复式楼王尊享私家电梯厅，着力将星河时代打造为中心城高端豪宅。

项目产品涵盖双拼、联排别墅、多层叠墅、复式楼王、板式高层、点式高层等，将打造成集居住、体育休闲、购物、餐饮娱乐、教育于一体的新都会综合体，树立片区都市生活新标杆。社区采用新加坡生态园林设计，一步一景，拥有超宽的楼间距和双层地下停车场，社区地面“无车化”，并且采用双层入户大堂设计，礼遇业主尊贵身份。整理居住环境舒适、优越，必将成为未来高端置业人群居住首选。

1.69 中心奢侈低密度别墅区

169 如果放在郊野，只是平常的数字。但在中心，却不曾有。除了为建筑设计最为宜居的空间外，星河时代规划 290000m^2 的公众空间，服务于 170000m^2 的居住区。此外，更多规划细节值得细细品味，如半围合布局，历经豪宅证明，只有这种布局让社区全方位通透。在都市的人们明白步行的矜贵，于是星河时代花园实现了人车分

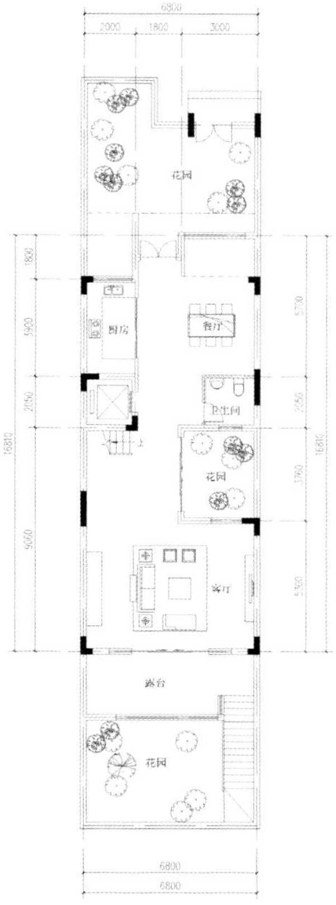

联排别墅 A1 一层平面图

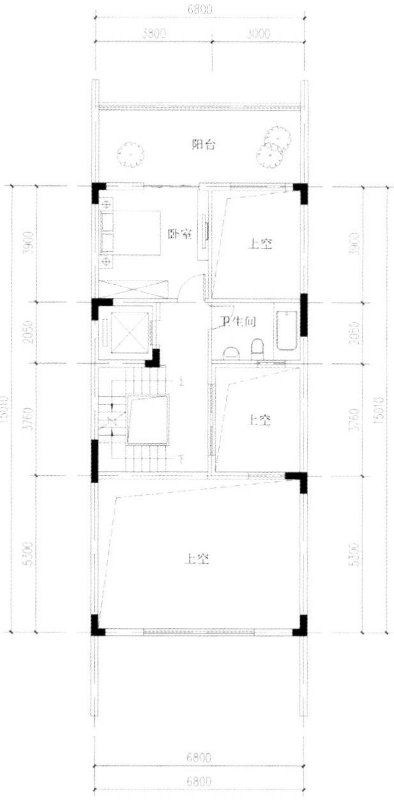

联排别墅 A1 二层平面图

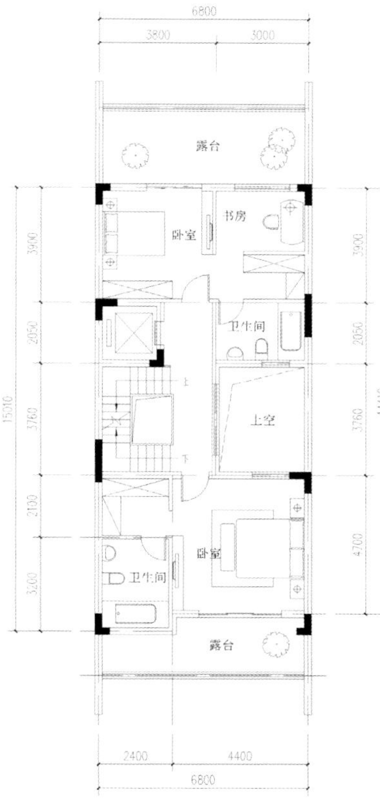

联排别墅 A1 三层平面图

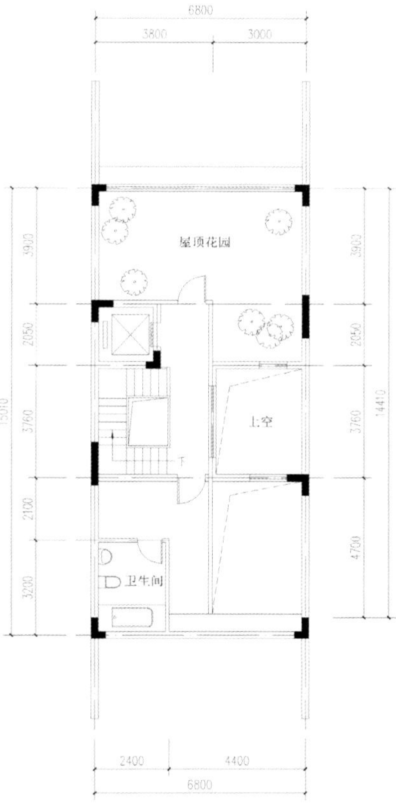

联排别墅 A1 四层平面图

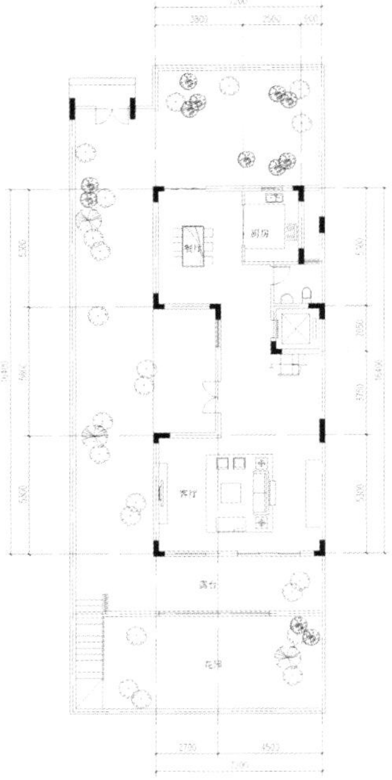

联排别墅 A1-A5 栋一层户型平面图

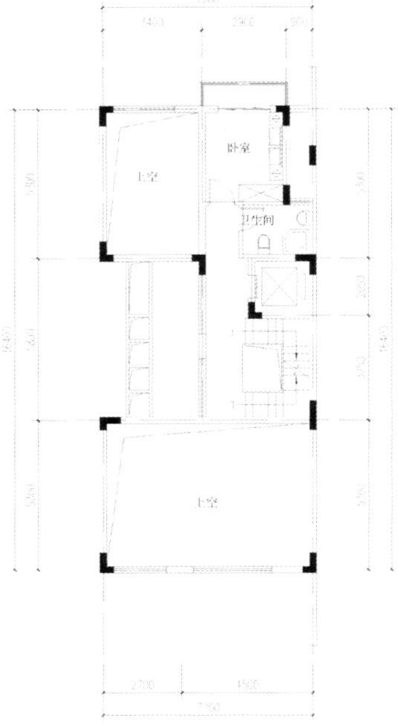

联排别墅 A1-A5 栋二层户型平面图

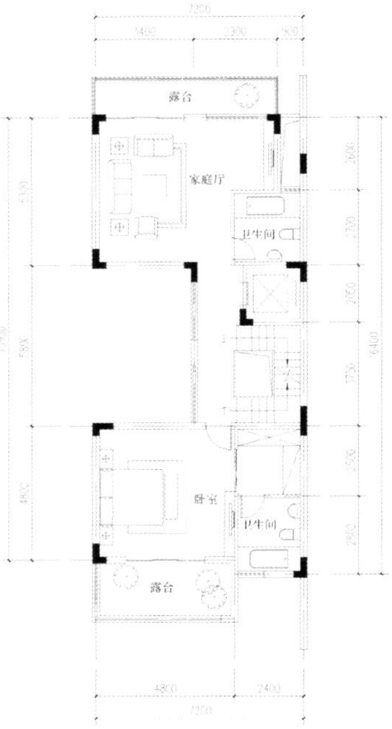

联排别墅 A1-A5 栋三层户型平面图

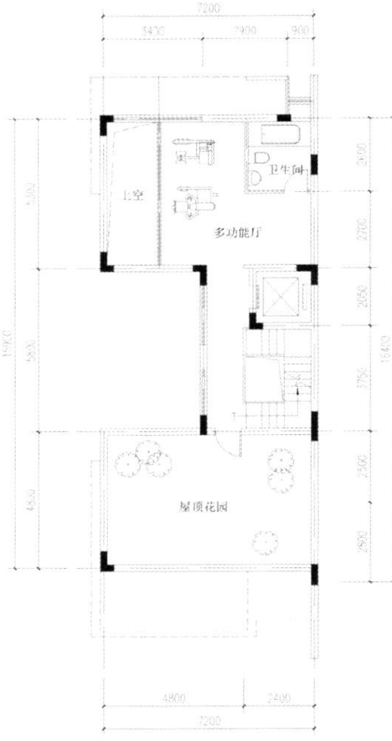

联排别墅 A1-A5 栋三层户型平面图

▶

流，把充满阳光与绿植的土地让给步行，人、环境与建筑达到从未有过的和谐。庭院与步行道，隔开邻里的距离，确保私密的同时，又为交际提供更多空间。

无边界泳池

1000m² 无边界泳池，风景随思想无界优美的弧线勾勒成泳池的现代设计风格。泳池原本已嵌在风景中，池边还添加各式特色景墙，园林小品以增加趣味性。长达 17m 的无边界池边，平视远处，泳池与人工湖在视觉上连成一片，仿佛在自然间游弋。

造型会所

红色丝带造型会所，以建筑的艺术陶冶身心还未到小区入口，就已看见创意会所。它形如一条向上飘扬的丝带，呼应大运会舞动的彩带，具有极强的时代昭示性。动感十足的会所与社区线型的景观设计形成对比，并与各个水景设计、特色景墙、汀步、步桥等结合，形成震撼的景观。

生态园林

泛太平洋生态园林

首创泛太平洋生态园林的 ACLA 景观公司，依据深圳亚热带海洋性气候，探究当地人文，挑选最具观赏性与人文价值的树种，为时代量身打造风格园林，以本真的自然景观塑造生态的社区环境，游走在园中，盎然的景色浑然天成。仿佛不是在都市中重塑了自然，而是在自然中相逢了都会。

一溪一湖三花园

大多的都会生活，常常只能在建筑间游走，而时代丰富的景观，让休闲另有了去处。石溪、中心湖两大主题水景，经过回转道路，串联动静兼备的景观组团，移步换景。茗茶花园、果树花园、香草花园三大主体花园，除却林木，更甄用黄蜡石，锻石等稀贵石材打造，体现无处不在的质感。园林深处还有太极活动区及按摩步道等养生空间，尽可悠然养心。

公馆传承

曾让星河国际一举闻名的品质承诺，时代公馆一脉相传高层建筑风格借鉴新加坡 Hillstde Residence 立面延续丹提“星河红”元素，塑造现代建筑的时代气场首创六星级酒店式双层入户大堂，将自然光引入地下停车场时代官邸，户户南北通透。客厅连接阳台，为建筑学验证采光通风最佳设计，大户型主卧均南北通透，居住舒适性在市场无可类比高层复式楼王一梯一户，尊享私家电梯厅户型超高赠送率，并具极强的实用性。

凯德泊宫
KAIDE BO PALACE

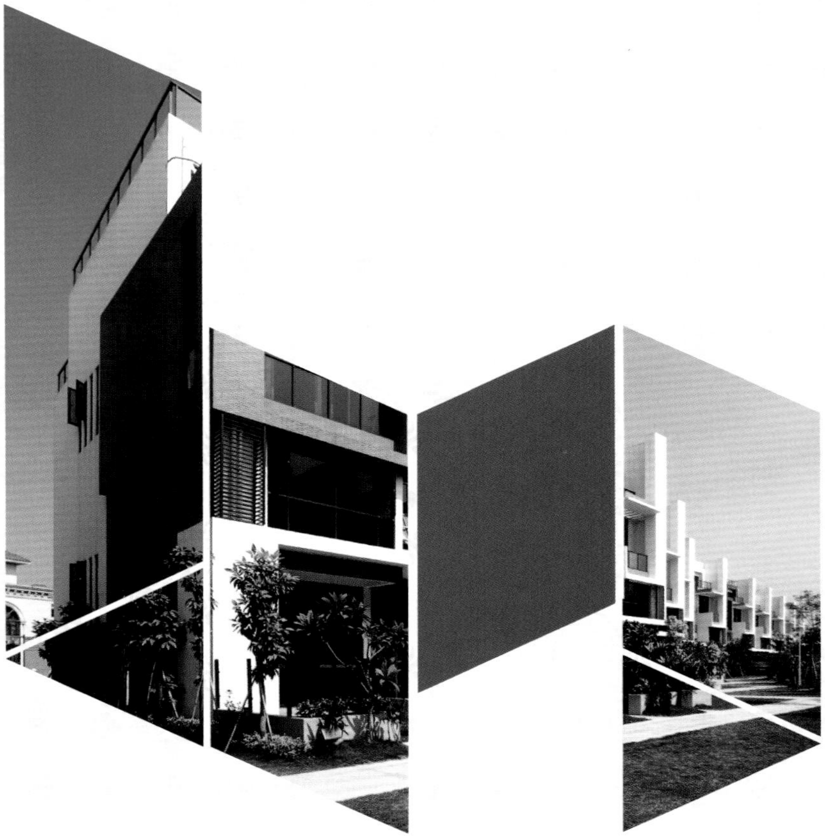

滨水国际，现代人文社区
COAST INTERNATIONAL, MODERN HUMAN DISTRICT

占地面积：67559 平方米
建筑面积：54178 平方米
容积率：1.10
绿化率：40%
开发商：佛山市新佛陈房地产开发有限公司
建筑设计：广州瀚华建筑设计有限公司
景观设计：澳洲 HASSELL LIMITED 怡境师有限公司
户数：208 户
项目特色：水景地产、国际化社区
建筑类别：联排、独栋
项目位置：佛山市禅城湾梁路 18 号

Occupied Area: 67559m^2
Building Area: 54178m^2
Plot Ratio: 1.10
Greenery Ratio: 40%
Developer: Foshan Xin Fo Chen Real Estate Development Co., Ltd.
Architectural Design: Guangzhou Hanhua Architects Engineers Ltd.
Landscape Design: Australia HASSELL LIMITED Co., Ltd.
Number: 208
Project Characteristics: Waterscape Real Estate, International Living District
Building Category: Townhouse, Villa
Project Location: No.18 Wanliang Road Chan Cheng Foshan

国际人文
凯德佛
销售中

▶

凯德泊宫地处佛山新城中轴，位于佛山市禅城区东平河北岸、新明二路南侧、澜石三路东侧、佛陈路西侧，离佛山市政府 3km，距佛山市中心仅 5km 的路程。坐拥 850m 优美的一线东平河堤岸风景。地块临近佛山市第三中学、华英中学、佛山市实验小学，配合政府一河两岸改造工程及城市中心组团新城区的建设，开发商将该项目打造成为一个全城罕有的滨水国际自然人文社区。

项目取名“凯德泊宫”，意为停泊在岸边的尊贵府邸，“宫”代表着一种精神和思想的高度。与“凯德瀚城”连为一体，宫以城为基，城以宫为贵！

凯德泊宫总用地面积为 67559m^2，由 208 套 228–369m^2 珍稀联排、双拼、叠加别墅组成，并配备 650 余个停车位。项目设计有别于传统别墅，现代宫格外立面，简约取代繁复，自由取代规整。以舒适为本的创造性设计，让建筑完美皈依居住，创领新一代别墅生活的新思潮。其建筑立面现代简约，运用石材、仿木外墙砖等多种材料营造典雅、大方、贴近自然的感观效果。项目包括伯爵、珀墅、柏林、铂誉四种户型。

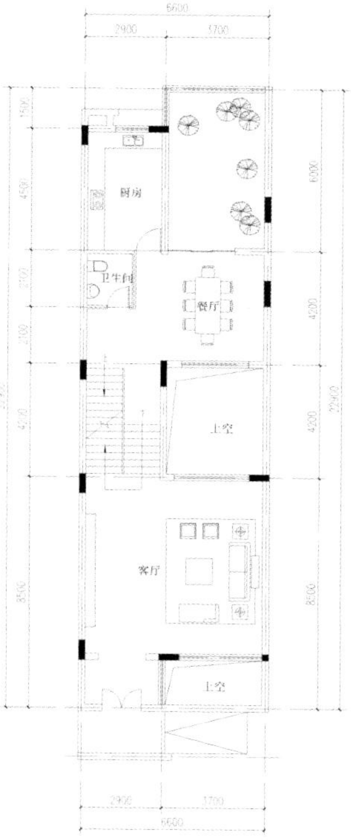

户型 2 一层平面图

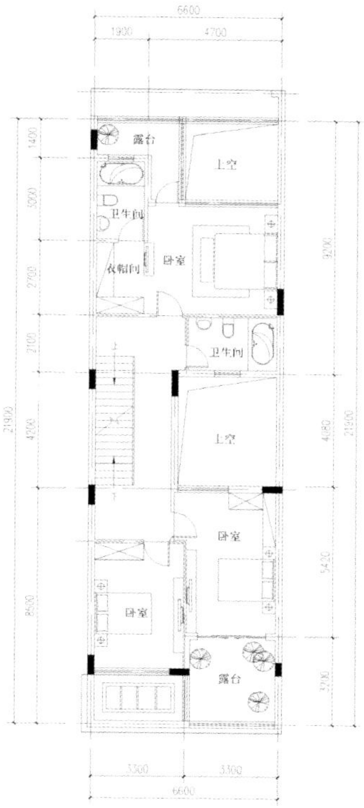

户型 2 二层平面图

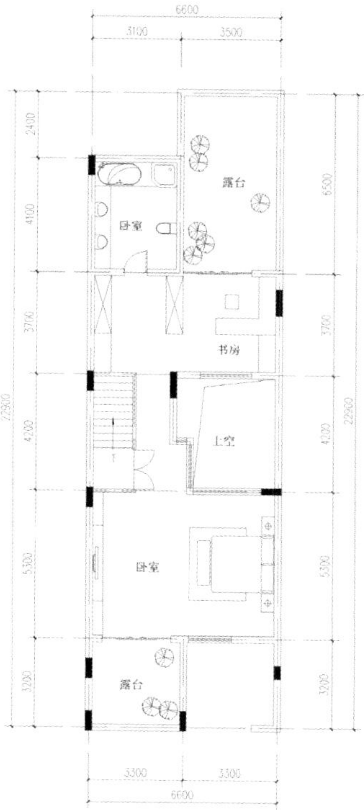

户型 2 三层平面图

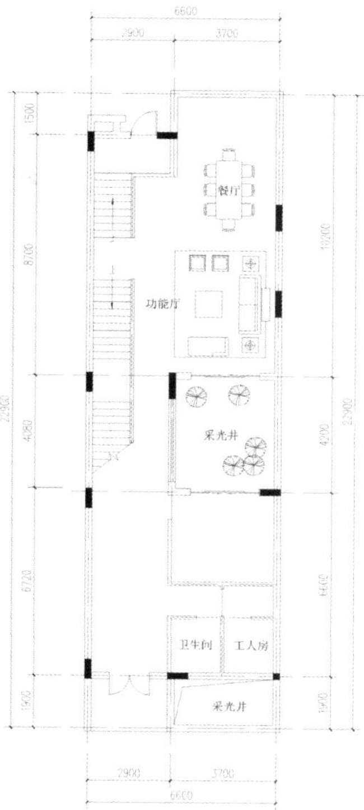

户型 2 地下层平面图

▶

云台叠墅—珍罕 270° 望江叠墅带私家泳池

云台叠墅独享无以复加的绝佳景致，绵延 850m 一线江景，前方无遮无挡；户户三面 270° 望江，随时与河水亲密接触；前揽江水，后拥园林；户户 4.5m 挑空大厅，尊贵非凡。云台三叠墅建筑结构分为上中下三叠，每叠均有不同特色。不仅可以享受独叠之惬意，也可以三叠成栋享受完全的私密。上叠采用空中别墅式设计，私享天台花园，可与邻里亲朋来一场自在的烧烤聚会；中叠挑高空间，尽享宽景乐趣；首叠更更配有私家泳池，可在泳池边享受夏日椰岛的明媚阳光。送双层地下室，收藏多年珍藏的佳酿。各户均配备私家入户电梯，轻松直达便捷舒适。

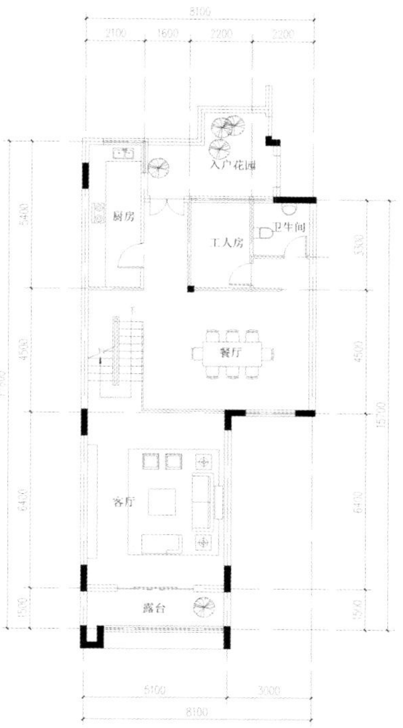

户型 1- 入户层、三层平面图

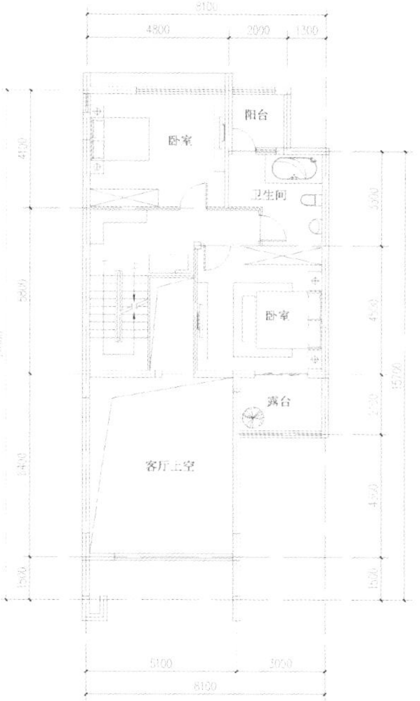

户型 1- 夹层平面图

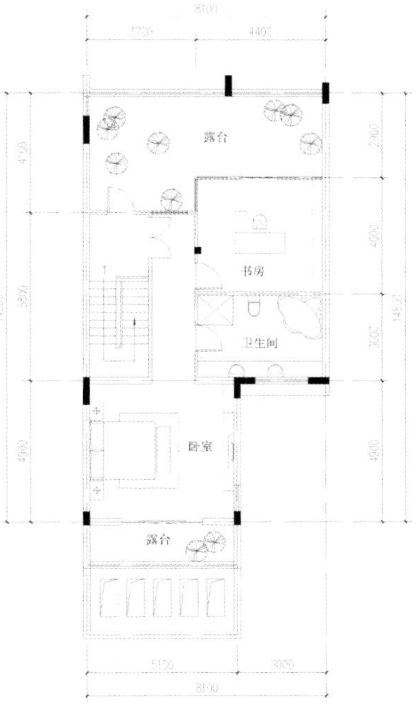

户型 1- 四层平面图

明月山溪

MOONLIGHT PARADISE

独具岭南风情现代中式大宅

LINGNAN STYLE MODERN CHINESE HOUSE

占地面积：432000 平方米
建筑面积：315000 平方米
容积率：0.8
绿化率：40.2%
开发商：广州从化方圆房地产发展有限公司
户 数：400 户
建筑类型：独栋别墅、联体别墅、小高层洋房
项目特色：现代中式别墅
项目位置：从化温泉镇（从化温泉镇旅游度假区内）

Occupied Area: 432000m^2
Building Area: 315000m^2
Plot Ratio: 0.8
Greenery Ratio: 40.2%
Developer: Guangzhou Conghua Fineland Real Estate Development Co., Ltd.
Number: 400
Building Category: Villa, Townhouse, Medium Rise House
Project Characteristics: Modern Chinese Villa
Project Location: Conghua Wenquan Town (Tourist Holiday Zone, Wenquantown, Conghua)

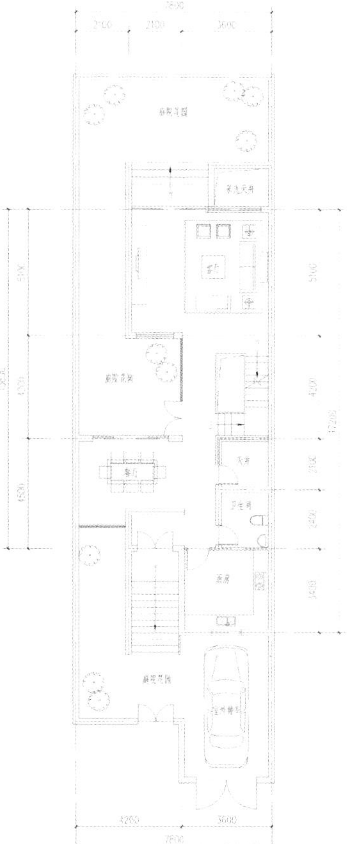

C-a 户型 365m² 一层平面图

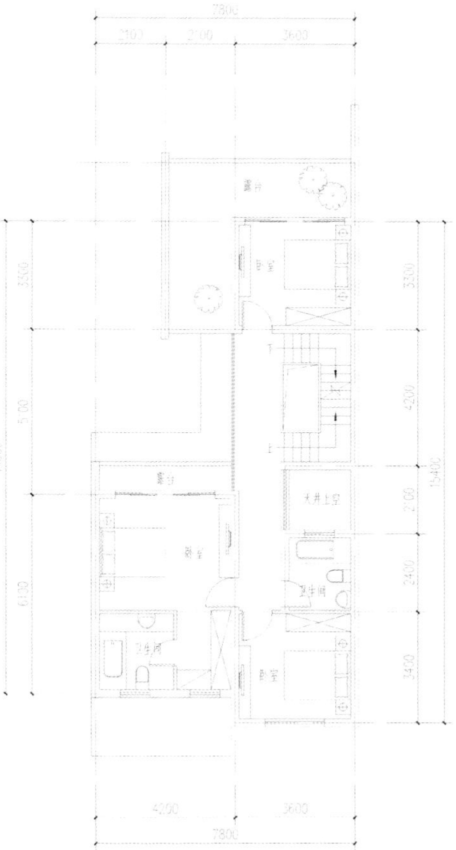

C-a 户型 365m² 二层平面图

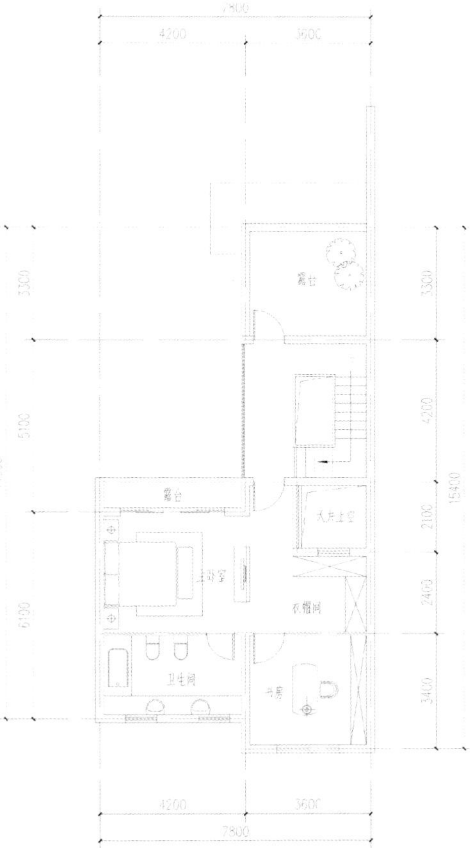

C-a 户型 365m² 三层平面图

▶

项目定位于新西关大宅，在借鉴西关建筑的精髓的基础上，利用现代的建筑材料和表现手法，打造独具岭南风情的社区。项目位于著名的温泉度假区温泉镇，地块三山环绕，南望流溪河，是难得的上风上水之地。同时方圆集团以其独特的文化气质，使得该项目在建筑风格、项目配套、居住人群等方面都表现出独特的文化底蕴。

设计理念：院落为根

设计尊重传统居住文化，同时体现出现代的生活方式，还保留了带有明显传统特征的内庭院，在增加采光通风面的同时，形成前、中、后三重庭院的空间结构。私密空间与公共空间分层分区，使得各功能房间动静相宜，互不干扰。住宅赠送多个露台，为住户提供多种休闲空间。同时，本着人性化原则，半地下室通过利用地面的高差获得采光通风，成为可塑性极强的空间，增加了别墅户型的附加值和尊贵感。户型具有吸纳景观和向自然开放的共性，能充分利用大自然馈赠的这一天然“氧吧”。

本着“依山就势，随高就低”的原则，围绕中心开敞空间，以绿色空间为纽带，依据地理环境，建筑灵活布置。特点是以绿地系统为骨架，以环境为触媒，将建筑组群用水面或绿带分隔，形成一个连续的开放空间体系。体现了居住区以环境生态为主导的规划思想，保证了“山水优先”设计意念的实现，体现了新“西关”的传统韵味。

建筑风格：现代中式

将住宅风格定位为清新、高雅的高技派现代中式风格，全区采用极为大气的统一手法，简洁的虚实体块对比，突出鲜明的时代特征，赋予中式住宅全新的概念。建筑外墙采用了素雅的白色高级涂料，沉稳的灰色石材片墙、线脚、基座；镀膜的中空玻璃，局部以木色或金属色百页作为装饰；顶部为轻盈的外包兰灰色金属飘顶或深蓝色钢屋顶，这些简约风格材料的利用使得整座建筑散发一种既不失传统又充满现代感的倾向。在郁郁葱葱的山顶景观的衬托下，与水面起伏的波光相映成趣，形成淳朴、尺度宜人的小镇情调。

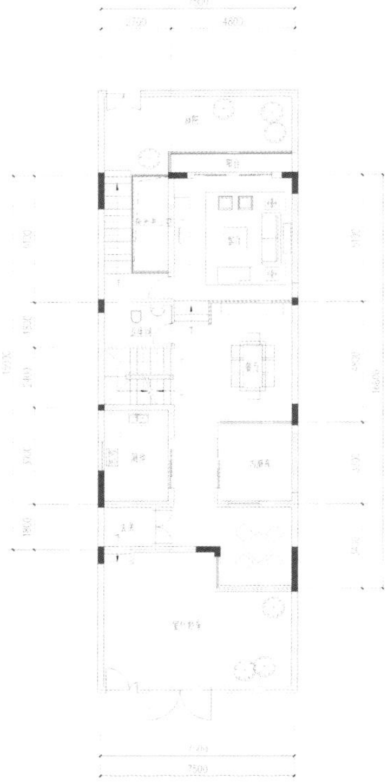

A–a 户型一层平面图

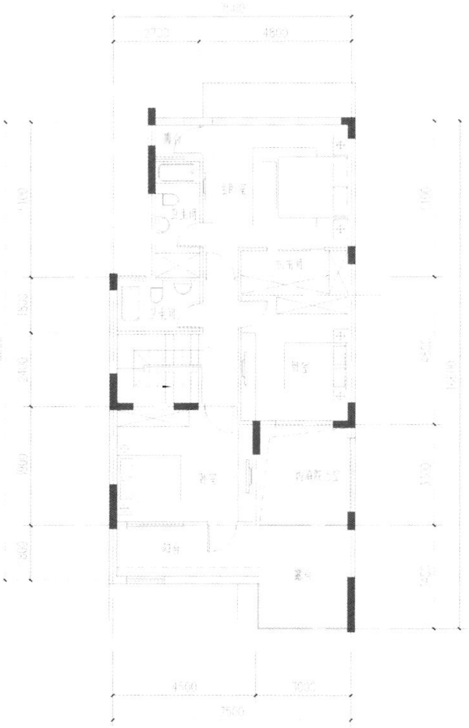

A–a 户型二层平面图

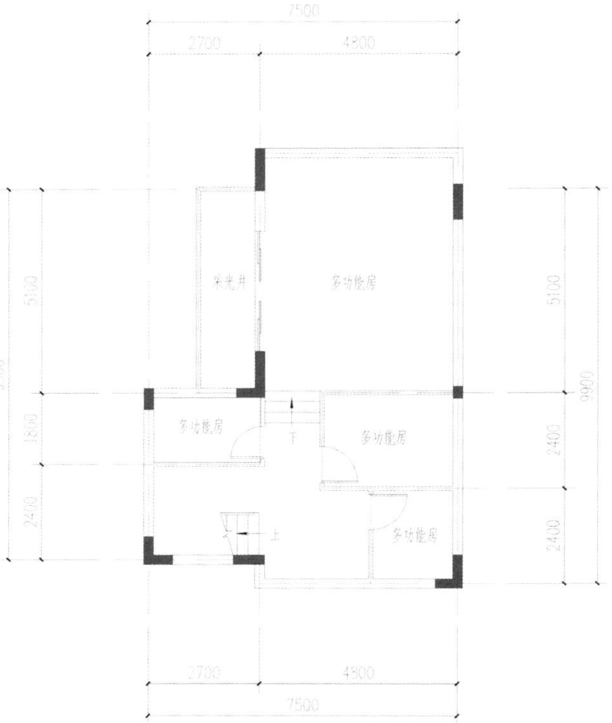

A–a 户型阳光多功能平面图

深圳城市山谷

CITY VALLEY, SHENZHEN

法式风情新贵山地城市别墅
FRENCH STYLE UPSTART MOUNTAIN CITY VILLA

占地面积：122655 平方米
建筑面积：161000 平方米
容积率：1.31
绿化率：40%
开发商：深圳市百富隆新投资有限公司
建筑设计：深圳市招商建筑设计有限公司
建筑类型：联排别墅、复式、公寓
项目特色：山地城市别墅
项目位置：深圳南山高新科技园区，沙河西路 2029

Occupied Area: 122655m^2
Building Area: 161000m^2
Plot Ratio: 1.31
Greenery Ratio: 40%
Developer: Shenzhen Baifulongxin Investment Co., Ltd.
Architectural Design: Shenzhen Commercial Architecture Design Co., Ltd.
Building Category: Townhouse, Double Entry, Apartment
Project Characteristics: Mountain City Villa
Project Location: No. 2029 West Shahe Road, Shenzhen Nanshan New High-tech Park

▶

城市山谷坐落在侨城西路铜鼓岭半山，三面邻崖，北靠塘朗山郊野公园，南望深圳湾，四大高尔夫伴其左右。位于城市且地理位置得天独厚，加上社区的绝对纯粹，让城市山谷成为新贵阶层最大的集聚地。城市山谷由独立别墅和 Townhouse 组成，在都市山地上营造了“天人合一”的法国建筑艺术群落。丰富的户型设计将异国居住文化表现得淋漓尽致，8600m^2 的高尚会所成为演绎传统和时尚的文化驿站，切合了深圳上流社会阶层的不同居住审美需求。

项目在规划布局和建筑风格上契合了高品位人士的心理。以土地使用率最高的网络式布局，东西向通道强调交通与邻里关系，南北向通道做随坡适当收敛，形成公共交往广场。结合原有的丘陵地形，整合南低北高的坡地，让视线在垂直方向错让，以减少遮档。在间距不大的住宅里，提供足够的绿化界面，有效柔化外部空间、增加屏障，又以树木为尺度表达住宅体量。以会所为核心，营造社区广场，提供公共性开放空间和设施，使领域感得到提升。部分停车场集中设置在地下，节约道路和交通用地，使资源得以充分利用。

城市山谷顺应地形的走向，营造出高低错落的建筑空间，带来丰富的视觉感受。三期 Townhouse 呈六排排布，形成七条街区。不同的街区种植不同颜色的花来识别，形成红、橙、黄、

▶

绿、蓝、青、紫的七彩街区。此外，三大主题广场“水之广场”、“石之广场”、“树之广场”则是街区外的最美风景。通过对配套设施的合理分布，公共设施（如花园、小径、喷泉、泳池）的大量兴建，不仅为别墅居民提供了休闲、运动场所，也提供了一种健康的、人性化的生活。

城市山谷三期户型设计

A 型 Townhouse 仅有 18 套，面积 330m² 左右，是三期的标杆产品。独有的八角亭设计，是该产品的最大特色，它给予了空间更多的新意，迎合了善变的市场眼光。同时八角亭的玻璃墙设计又使得室内外空间自然融合。在城市山谷三期的每一幢别墅里，八角亭的中式符号与全玻璃墙的现代感相得益彰；中式天井以通高加玻璃天顶的处理使古朴外更添浪漫气息。古今中外的建筑精髓都被城市山谷融会贯通而又自成一家。层层附送花园和露台，共赠送面积约 130m² 左右。而最有情趣的屋顶阳光 SPA，更给你生活方式的转变。30m² 屋顶阳光花房，让屋顶成为城市别墅生活的乐趣所在。

B 型 Townhouse 是主力产品，共 156 套，面积 230m² 左右。四层通高中庭处理是该产品的独特之外。中庭的玻璃屋顶自然衔接室外空间，在家里抬头便可看见夜空的星星。B 型 Townhouse 满足你前庭后院的生活方式。一层入户花园与后庭花园相应，使空间通透无比。同样拥有，屋顶阳光 SPA 及屋顶阳光花房同，让屋顶成为城市别墅生活的乐趣所在。

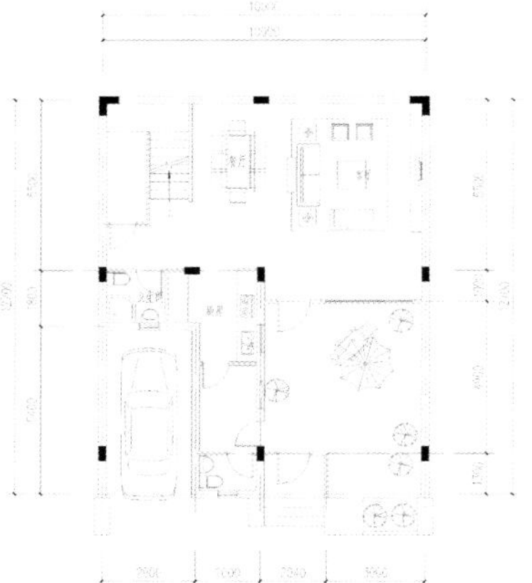

D2 一层平面图

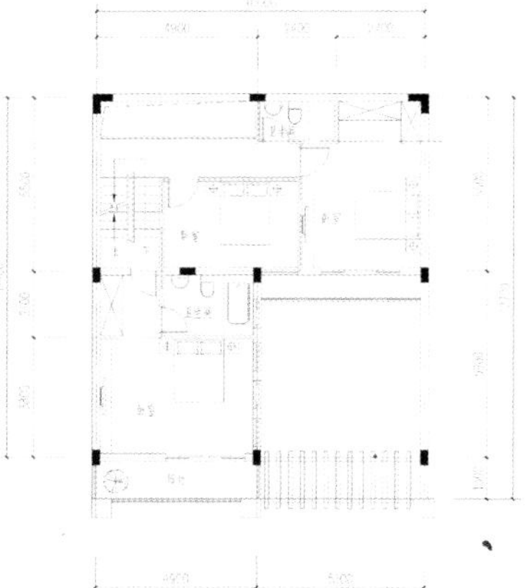

D2 二层平面图

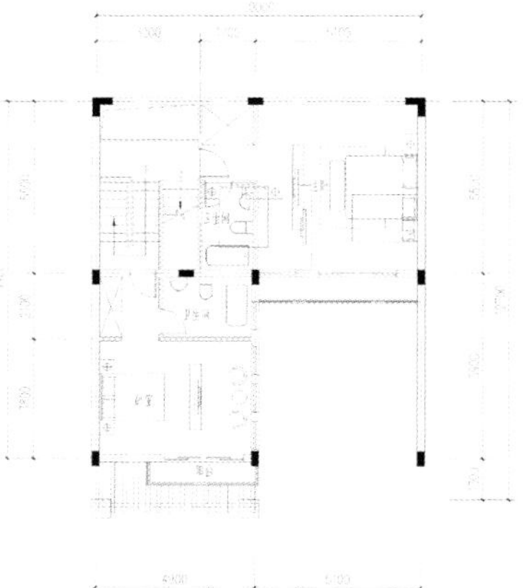

D2 三层平面图

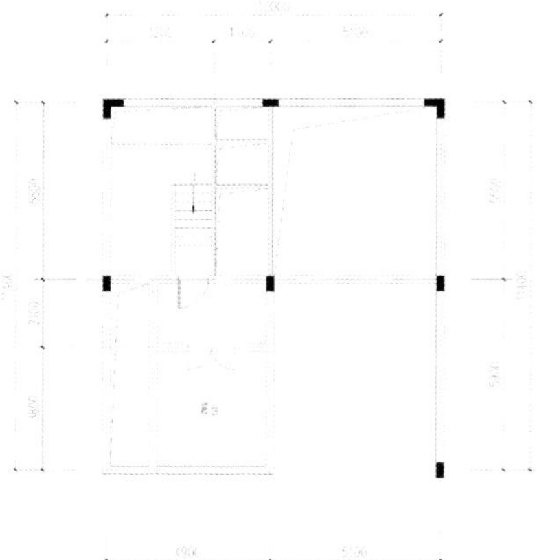

D2 四层平面图

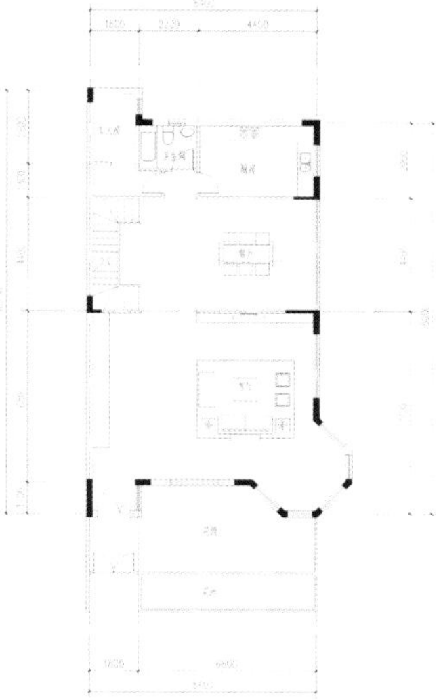

A1 一层平面图

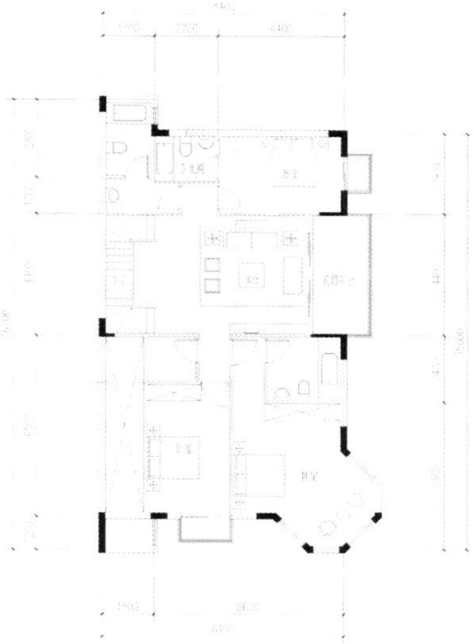

A1 二层平面图

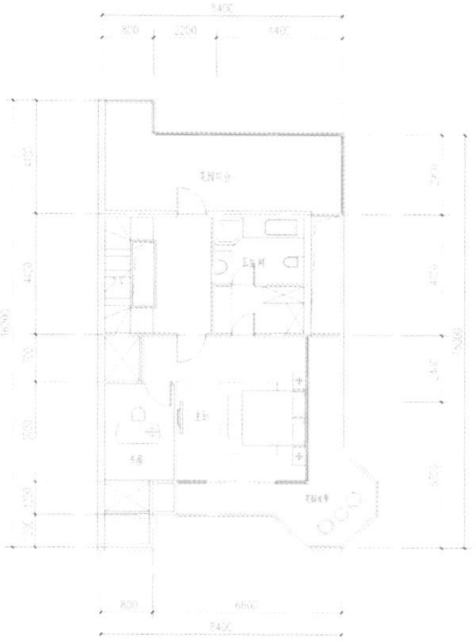

A1 三层平面图

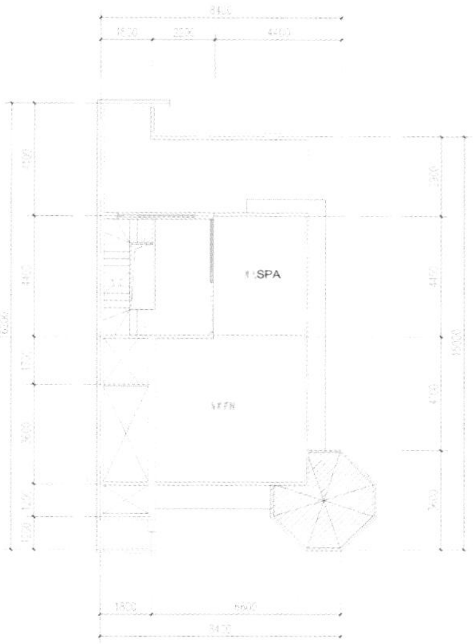

A1 四层平面图

高端别墅大宅、至尊风情景观

High-Class Apartment With Extremely Fantastic View

广州万科·金色城品

VANKE GOLDEN CITY, GUANGZHOU

空间自由灵活的空中叠院

Free Space Flexible Superimposed Villas

占地面积：62000 平方米
建筑面积：72616 平方米
容积率：1.25
绿化率：30%
开发商：广州市万科房地产有限公司
建筑设计：广州瀚华建筑设计有限公司
户 数：960 户
项目特色：LOFT、花园洋房
项目位置：广州番禺沙湾镇得贤路 837 号

Occupied Area: 62000m^2
Building Area: 72616m^2
Plot Ratio: 1.25
Greenery Ratio: 30%
Developer: Guangzhou Vanke Real Estate Co., Ltd.
Architectural Design: Guangzhou Hanhua Architects Engineers Ltd.
Number: 960
Project Characteristics: LOFT, Garden House
Project Location: No. 837 Dexian Road, Shawan Town, Fanyu, Guangzhou

创意叠加式户型 160m² 上层平面图

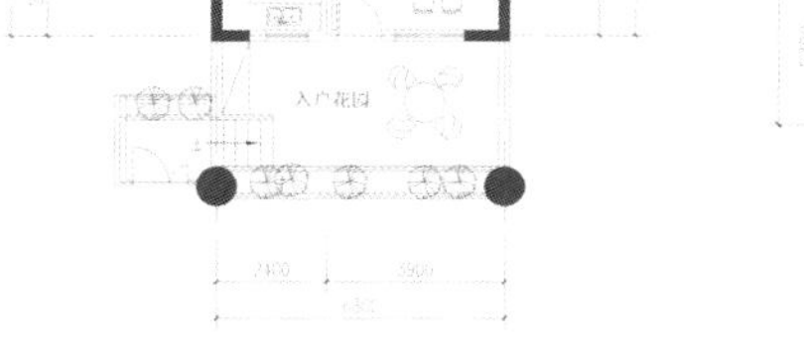

创意叠加式户型 160m² 下层平面图

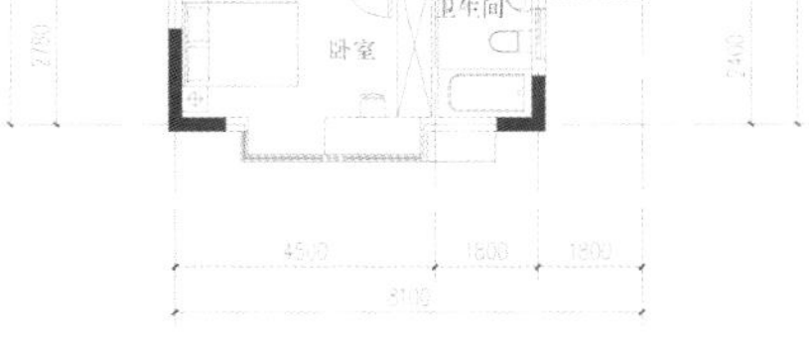

创意叠加式户型 180m² 上层平面图

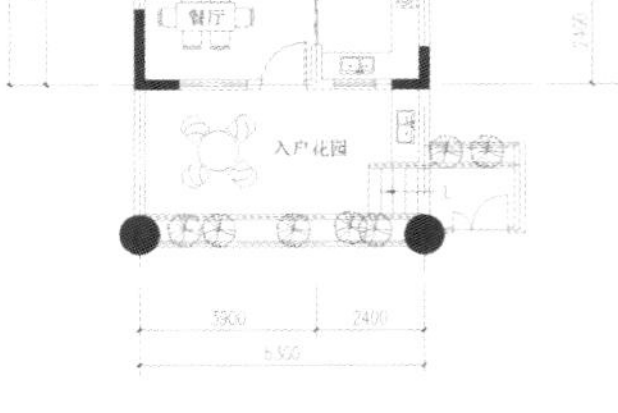

创意叠加式户型 180m² 下层平面图

▶

万科金色城品位于沙湾镇得贤路 837 号，项目占地面积 62000m²，由 10 栋 8 层高建筑组成，总户数 960 户。作为广州万科地产进驻番禺的首个项目，即将展示出万科地产最新研发的户型产品——空中叠院。

空中叠院创新、独特的建筑构想，打破了千篇一律的户型设计模式。灵活自由的空间布局，不仅能满足住户对居住功能的多种需求，而且人性化设计，也给住户留下了无限创想的空间。

前庭后院设计，私享尊崇入户庭院

除了独特的户型之外，万科金色城品带来的还有前庭后院设计，私享约 20m² 入户庭院，足够开阔的景观阳台，还有 8m 大开间设计，开门见景，端坐客厅，即可享受入户庭院及小区园林的双重景观，居住舒适度媲美别墅，融合了别墅与洋房的最佳元素。入户花园及阳台成 180° 角度，不仅可做到户户有景，而且可双向观望不同的小区景观。

户户南北对流，通风采光俱佳

高起点、高品位，万科金色城品营造的是一个同质而居的高尚居住社区。纯粹板式设计，户户南北对流，充分满足了南方人的居住习惯。南北通透，通风对流，采光俱佳，让住户出入感受到更多阳光呵护，沐浴在阳光与清风中。最宽处约 190m² 超宽楼距，宽阔的景观视野，户户 100% 优越景观享受。超过 30% 的绿化覆盖率，中式园林手法与现代风格相结合，造就了一个多层次、错落有致的大尺度景观园林。

三大亮点

1、宽楼距，为生活打造创想家园

万科金色城品是广州万科地产对番禺居住生活的独有创想，它所提供的，不仅是视野上的宽度，还有居住的私密与舒适。最宽处约 190m 超宽楼距，宽阔的景观视野，户户 100%优越景观享受，让住户充分感受自然生态。

▶

2、两大主题园林，构筑生态居住环境

超过 30% 的绿化覆盖率，万科金色城品，采用步移景至的园林规划理念，中式园林手法与现代风格相结合，造就了一个多层次、错落有致的大尺度景观园林。以绿化为主题的“品院园林组团”，15 道景观贯穿其中，步移景移，为生活增添了不少生机与活力；以水为主题的“品泉园林组团”，约 450m^2 的双泳池设计，3 条标准国际泳道，小溪等水体贯穿园林，独有的生态水景让住户在观赏的同时，也能感受到水的多样风情。

3、下沉式空中天街、风雨连廊，打造独有情景归途

万科首创下沉式空中天街，创想独有情景归家体验。观光电梯、风雨连廊，打造完美归家路线，让回家的路途不再是水泥建筑的呆板与单调，视觉所到之处，皆是富含灵动气息的美景；让回家的心情，一路美景相随。

顺德信德上城名邸

XINDESHANGCHENG MING HOUSE, SHUNDE

美式新古典主义名宅
American Style New Classicism Ming House

占地面积：30000 平方米
建筑面积：160000 平方米
容积率：4.61
绿化率：13.8%
开发商：顺德区信德房地产有限公司
建筑设计：广州瀚华建筑设计有限公司
户 数：887 户
项目位置：佛山市顺德区容桂大道 183 号

Occupied Area: 30000m^2
Building Area: 160000m^2
Plot Ratio: 4.61
Greenery Ratio: 13.8%
Developer: Shunde Xinde Real Estate Co., Ltd.
Architectural Design: Guangzhou Hanhua Architects Engineers Ltd.
Number: 887
Project Location: No.183 Ronggui Avenue Shunde District, Foshan

THE UPTOWN

▶

信德上城是由佛山市顺德区信德房地产有限公司倾力打造的大型高档住宅小区。信德上城总建筑面积逾 160000m²，地处容奇大道，位于钟灵毓秀的德胜河畔，收藏着得天独厚的江畔生活。为了把纯正的美国纽约上城文化引入项目，打造纯粹的美式新古典主义名宅建筑，开发商集合了多个强大的团队，由在国际建筑界享负盛名的广州瀚华设计公司，以新城市建筑的手法，展现能让时间驻足的建筑艺术；诚邀在世界具有高知名度的易道景观公司，以国际化的观点角度，展现园林空间的立体感和层次感……打造出内外兼修的上层居所，让同一个阶层拥有同一个图腾，倾力塑造当地的一个高端的标杆。

由 13 栋 18 层带电梯的小高层，另有一栋酒店公寓。小区整体为围合式设计。产品以 76m² ~ 140m² 的住宅为主，主力户型为三房二厅单位。

项目特色

中心叠水台—在中央公园的左侧，设置了一个三层的叠水池，流水层层的叠落下来，潺潺的流水声伴着密林之沙沙树叶声，更是给人一种置身大自然的舒坦享受。

▶

高台叠水池—位于中央园林，上下落差达 2m，四周以高大的树木作景观带，营造了一种轻松惬意且私密的感觉。

空中绿台—开放式的空中绿台，作为人们活动和交往的一个公共场所，层级式的递进，不断随地势抬高，它使社区氛围变得更加和谐，更加富有生气。

景观入户大堂—5.3m 的豪华挑高入户大堂，大尺度玻璃窗的运用，将室外园林景致引进室内，营造明亮灵动的空间。

波浪型设计—大部分单位的客厅与主人房向南安排，并力求让每户客厅、主卧看园林景观的景观面达到 60%。

高端别墅大宅、至尊风情景观
High-Class Apartment With Extremely Fantastic View

鼎太风华·金色华尔兹
DINGTAI FENGHUA GOLDEN WALTZ

现代国际名门社区
Modern International Noble Community

占地面积：66196 平方米
建筑面积：130000 平方米
容积率：2.0
绿化率：50%
开发商：深圳市鼎太风华投资有限公司
建筑设计：深圳市电子院设计有限公司
户 数：918 户
项目位置：深圳南山前海路与内环路交汇处

Occupied Area: 66196m^2
Building Area: 130000m^2
Plot Ratio: 2.0
Greenery Ratio: 50%
Developer: Shenzhen Dingtaifenghua Investment Co., Ltd.
Architectural Design: Shenzhen Electronics Design Institute Co., Ltd.
Number: 918
Project Location: Cross of Neihuan Road and Qianhai Road Nanshan, Shenzhen

▶

鼎太风华社区地处前海路，交通便利，低密度建筑，多层绿化系统，分七期开发。项目总规划中贯彻了动静分区、人车分流的原则，居住空间纵横分布，对称布局，秩序井然，活动空间相对集中，高低起伏，营造丰富的视觉变化。景观园林可参与性强，小足球场、篮球场、网球场及三十多种室外健身器材，可活动，可休憩，更有游泳池等多种活动场所。项目立体五层绿化系统分为中心花园、中庭花园、架空层、地下车库、露台花园。

项目位于前海片区，有“国际名门社区”的称号，社区有面积各 3000m^2 的风华文化馆和风华俱乐部，面积 6000m^2 的风华生活馆；社区内岁宝社区店、省一级名校—南山实验学校的进驻更方便了鼎太风华社区居民的生活。

一期璞真园

一期占地面积 20000m^2，总建筑面积 55000m^2，是深圳极罕见的多层电梯豪华住宅，实用率高达 86–94%，有 69–187m^2 二十余款多元户型，南北通透，方正格局，其首层独享 10–50m^2 私家花园，顶层豪情挑高空间，并珍藏 7–57m^2 空中花园。楼栋间距 45m，每组团另独享超过 2500m^2 内庭花园，客厅大面落地观景台，卧室 180–270° 大理石凸窗、角窗观景设计，斜瓦，珍珠彩釉砖搭配文化石基室，典雅丽致价值永恒外观，现代极简风格。

二期臻美园

二期占地面积 4050.70m^2，建筑面积 71288.40m^2，总户数 700，停车位 673，由 4 栋 7–12 层小高层组成，户型以两房和三房为主，高贵典雅的建筑气质、座北朝南、大面积落地窗和阳台的设计，还有 3000m^2 风华城市俱乐部和风华生活馆的陆续投入使用，使业主随时能拥有品质生活。臻美园位于鼎太社区的北区西部，整体建筑覆盖率 26.69%，绿化率 70%，绿化面积 130000m^2。一梯 3 ~ 4 户，楼体主要向为南北向，栋距 33 ~ 45m，标准层层高 2.95m。二期臻美园在一期璞真园的基础上更超完美，建筑立面采用舒心色系天然石材基座、典雅斜屋顶、珍珠彩砖外墙面，建筑气质高贵典雅。

▶

三期金色华尔兹

三期金色华尔兹位于社区中心区域，临近社区核心配套。由4栋淡雅俊郎的小高层组成，楼距达到50m宽，空间开阔；南北通透，以高品质生活的两梯两户为主的板式结构设计。户型两房至四房，5.8m的挑高露台花园，赠送面积最多达24.6m²，大露台的生活方式独自品味，车库拥有半地下自然采光通风的景观；抬高的车库顶板，让车流与人流分层交错，人行与车行系统完全独立。三期每户至少带有一个露台花园，设计师别具匠心地将露台处理成5.8m挑高，巧妙运用单、双层露台错落排列，上层凸窗向外适度延伸，露台的凹凸产生光影虚实的变化，轻盈灵动，充满音乐感和韵律感。这种设计不仅增加了可使用空间，还化解了板楼相对单调的视觉造型，更避免了上下层居住者相互对视，私密性得以保障。双层挑高的露台花园，横向与纵向尺度都得以最大化释放。原有户型空间加上露台面积后，使用面积近似甚至大于建筑面积。如此之大、如此之高的露台将人的精神活动无限伸展到蓝天绿地之间，就居住体验来看，一切墙壁栅栏不再是壁垒和隔断，而是成为沟通的桥梁和纽带。

鼎太风华·金色华尔兹在户型设计上异常成功，对室内空间尺度的把握恰到好处，充分运用开间、进深的比例以及对室内面积营造大空间尺度，提供有厚度的生活。南北分区，自然开阔，相互呼应。北区流露东方神韵，云淡风清；南区演绎西方风情，典雅时尚。项目由四栋18层高层组成，板式结构，南客厅北餐厅的健康户型，采光、通风、日照、景观均衡分配；以两梯两户为主，尊崇生活呼之欲出。

3期金色华尔兹
风华正茂时

国际名门社区 金